盆栽养护这点事

[观叶植物]

谭阳春 主编

辽宁科学技术出版社

· 沈阳 ·

本书编委会
主　编　谭阳春
编　委　廖名迪　罗　超　李玉栋　贺　丹　贺梦瑶

图书在版编目（CIP）数据

图说盆栽养护这点事.观叶植物/谭阳春主编.—沈阳：辽宁科学技术出版社，2012.10
ISBN 978-7-5381-7626-1

Ⅰ.①图…　Ⅱ.①谭…　Ⅲ.①盆栽—观赏园艺—图解　Ⅳ.①S68-64

中国版本图书馆CIP数据核字（2012）第185493号

如有图书质量问题，请电话联系
湖南攀辰图书发行有限公司
地　址：长沙市车站北路236号芙蓉国土局B栋1401室
邮　编：410000
网　址：www.penqen.cn
电　话：0731-82276692　82276693

出版发行：辽宁科学技术出版社
（地址：沈阳市和平区十一纬路29号　邮编：110003）
印 刷 者：湖南新华精品印务有限公司
经 销 者：各地新华书店
幅面尺寸：185mm × 260mm
印　　张：5
字　　数：134千字
出版时间：2012年10月第1版
印刷时间：2012年10月第1次印刷
责任编辑：修吉航　攀　辰
封面设计：多米诺设计·咨询　吴颖辉
版式设计：攀辰图书
责任校对：合　力

书　　号：ISBN 978-7-5381-7626-1
定　　价：19.80元
联系电话：024-23284376
邮购热线：024-23284502
淘宝商城：http://lkjcbs.tmall.com
E-mail：lnkjc@126.com
http：//www.lnkj.com.cn
本书网址：www.lnkj.cn/uri.sh/7626

PREFACE 序言

随着现代社会的不断发展，人们的生活质量逐渐提高，然而环境所受到的污染却日趋严重。每天奔走于城市快节奏的生活中，人们越来越觉得远离大自然。身心疲惫的现代人对大自然有一种深深的向往之情。而生活的匆忙让大多数人没有更多的时间去亲近大自然，如果能将大自然的情致放入家中，一定能让人们不堪重负的心灵得到解救。

养花，已渐渐成为一种适合调节现代人心绪的方式。闲暇时光在家中养几盆花卉，不仅能使室内空气得到改善，还能对家居环境起到装饰作用。更为重要的是，在养护盆栽的过程中人们的内心得到平静，还常常伴有收获的喜悦，使人们在精神上得到放松。

而在国外，人们更注重植物的实用功能，如植物在净化空气等方面的作用。这是因为现代家居装修时使用的油漆、地板等，大多含有甲醛、苯等有害物质，一定程度上使室内空气受到污染，不利于家人的健康。这时如果在家中放置一些绿色植物，便能够很好地改善这些情况。

作为观赏性的植物可以分为三类，即观花植物、观叶植物、观果植物。而从植物的功能方面来看，又可以从净化空气、药用等方面来进行分类。编者根据市场要求，分别从观花盆栽、观叶盆栽、健康盆栽三个方面着手，为读者提供一套较为全面的家庭花卉栽培读物。

本书从其中最为常见的观叶植物出发，精心挑选80余种常见的观叶盆栽作品作为主要内容，分别从生态习性、养护特点等方面对每一种植物进行介绍，旨在为那些热爱种养植物的人提供参考。由于资料来源和作者本身水平有限，文中难免出现纰漏，敬请广大读者批评指正。

编者

目录
CONTENTS

观叶植物 基础养护知识 /05

经典 观叶植物介绍 /16

观叶植物
基础养护知识

一、认识观叶植物

（一）观叶植物

观叶植物是指以观赏叶片为主的植物，其观赏价值主要在于植物叶片的颜色、形状、质地等方面，已逐渐成为室内绿化装饰最流行的观赏门类之一。

观叶植物一般都有一定的耐阴性，适宜在室内环境下栽培、陈设和观赏。另外观叶植物具有观赏周期长、不受季节限制、种类繁多、姿态优美、管理养护方便等特点，是广大养花者最青睐的盆栽类型。

（二）观叶植物的分类

对于盆栽爱好者来说，观叶植物是他们必不可少的选择，学习一些基本的观叶植物知识显得很有必要。在购买植株之前，需要对观叶植物的分类有所了解。

观叶植物一般可分为木本、草本和藤本三个主要的类别。

所谓木本植物，简单来说是指根和茎因增粗生长形成大量的木质部，而细胞壁也多数木质化的坚固的植物，又可分为乔木和灌木。常见木本的观叶植物有鸭脚木、红豆杉、平安树、清香木等。

草本植物跟木本植物相对，是对那些木质部较不发达或不发达、茎多汁且柔软的一类植物的总称，常见的草本观叶植物有吊兰、绿巨人、竹芋等。

藤本植物，又可叫攀缘植物，是指茎部细长、不能直立，只能依附于其他物体或匍匐于地面上生长的一类植物，如常春藤、紫藤等植物。

学习有关观叶植物分类的知识能够帮助我们更好地选择适合自己养护的盆栽，这是因为不同类型的盆栽各有其养护特点，当我们熟知这些知识的时候，在让人眼花缭乱的花卉市场上就显得游刃有余。

木本植物

草本植物

藤本植物

春羽

绿巨人

熊猫竹芋

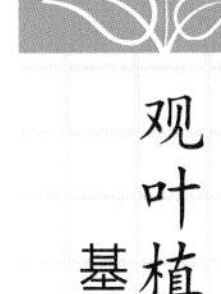

（三）观叶植物的选择

现在花卉市场上的盆栽植物琳琅满目、品种多样，为人们提供了多种选择。但是对于很多爱好盆栽的人来说，如何选择一些心仪且合适的盆栽尤为重要。从市场上购买回来的盆栽不仅要易养，而且能够起到装饰家居、改善室内空气的作用，这就需要购买者综合考虑各方面的因素。

一般可从以下三个方面考虑：从自身居住环境来说，应该选择与自己栽培环境相适应的盆栽植物。如居住在日照较为充裕的地方，可选择喜光的观叶植物，相反则可选择耐阴植物；住在南方的朋友，因那里大部分是酸性土质的环境，故购买一些适应酸性土壤的植物更易成活。家中如果有天台可利用的，除了考虑日照外，还应注意风向、雨水等因素。其次，从所购买的植物来看，应挑选那些叶色鲜艳翠绿、没有病斑的植株，还要对一些植物的作用有所了解。如一些植物有毒，一些植物散发的香味不适宜患有哮喘的人群等，这些都是需要慎重考虑的。同时还要注意价格与品种之间的协调关系，可多去几家花店咨询、对比。从自身情况来说，如果平常工作较忙，则避免选择那些难养、难活的植物，时间充裕者可以购买多种不同的种类植物。

温馨提示：1. 购买之前仔细观察叶片颜色是否鲜艳、是否具有光泽，避免购买一些根部已开始枯死的植物。2. 在正规花店或苗木园林购买，对花卉的养护有一定的保障。3. 最好让商家提供一些栽培管理方法或文字资料等。4. 在一定的季节购买适应此季节气候的植物更易成活。

（四）观叶植物的作用

1. 净化空气，有益身心

众所周知，绿色植物对我们生活环境的改善发挥着极其重要的作用。通过光合作用，绿色植物把空气中的二氧化碳转化为氧气，调节环境的碳氧平衡，为人类长久生存提供可能性。另外，植物的蒸腾作用对空气的温度和湿度起着调节作用，所以当我们漫步于森林里，会感到空气清新，心神愉悦。不仅如此，植物还被称为“大自然的滤尘器”，这是因为许多植物的表面有绒毛或黏液，能够吸附大量空气中滞留的粉尘，对空气质量的提高有着举足轻重的作用。如此看来，在自己的安乐窝里放置几盆绿色植物大有裨益。观叶植物由于以叶片为主，兼具以上的一些功能，所以一直是花卉爱好者的首选对象。

绿萝的形态婀娜多姿，适宜观赏。

2. 栽培养护简便

从市场上购买到自己心仪的盆栽植物后，后期工作中最重要的当属对盆栽的栽培和养护，管理盆栽这一业余活动的诸多乐趣也正在于此。相对于观花植物来说，观叶植物的栽培和养护要更为简单。由于观叶植物大多具有耐阴的生态特征，可以长时间放于室内观赏，而且观叶植物一般不受季节限制，可供选择的种类繁多，这些不容忽视的优点使观叶植物成为家居装饰的重要材料。

橡皮树的叶片颜色能够调节人的情绪。

3. 观赏价值高

观叶植物主要以叶片的多姿吸引人眼球，造型多样，给人以美的享受。在会议室、展览厅等重要地点都有观叶植物婀娜多姿的身影，足以看出其观赏价值之高。不少观叶植物兼具观花、观茎、观果等功能，这又为观赏提供了一种可能性。此外，观叶植物可塑性非常强，可以根据不同的品种做出形态各异的造型，让人在异样风情中体味植物带来的清爽。

二、观叶植物种养技巧

（一）巧用盆土

1. 常见的盆土有哪些

腐叶土 由腐烂的树叶、菜叶等组成，透气、排水良好，肥沃疏松，含大量有机质，呈弱酸性。适合君子兰、兰花等植物。

红壤土 酸性土壤，pH5.0～6.0，广泛分布于南方地区。适合八角金盆、桂花、南天竹等植物。

黄壤土 酸性土壤，pH4.5～5.5。分布于南方山区 。适合杜鹃、紫竹等植物。

黄棕壤 呈酸性或微酸性，pH5.0～6.5，分布于亚热带湿润地区。适合冷水花、茶花等植物。

棕壤土 较为肥沃的土壤，pH5.0～7.0，主要分布于低山丘陵区。适合美人蕉、月季等植物。

褐　土 呈中性至微碱性，pH6.5～8.0，含钙丰富，适合柏树、秋海棠等植物。

园　土 呈中性、微酸性或微碱性，较为肥沃。但易板结，需要与其他疏松的土壤一起配合使用。

黑钙土 呈中性至碱性，pH6.5～8.5。分布于黑龙江等省。适合茑萝、大丽花等植物。

黑　土 呈微酸性，pH5.6～6.5，分布于东北地区。

2. 常见土壤基质、介质

黄　泥 呈酸性或弱酸性，适合喜微酸性土壤的植物，如榕树、常春藤等。

草皮土 呈中性、弱酸性。适合大丽花、菊花等植物。

沼泽土 呈酸性，适合一些湿生花卉，如莲等。

松针土 呈强酸性，适合栀子花等喜强酸性土壤的植物。

泥　炭 呈微酸性至中性，适合热带和亚热带花卉，如杜鹃等。

砂　石 排水性强，主要用做大型植物的固定。

砻糠灰 呈中性或弱酸性，含钾量高，可起到疏松、透气的作用。

煤　渣 呈碱性，适合作为扦插介质。

珍珠岩 pH7.0～7.5，透气性较好，含有少量矿物质。

树　皮 含氮、碳较高，适宜花卉的生长。

水　苔 可提高土壤的吸水性和通气性。

3. 选择自然土壤时应注意的问题

对于土壤，养花者可去正规的园林公司或花卉公司购买，一般条件下，也可选取自家菜园的土壤作为盆土，但应该要注意去除土壤中的杂质，喷少量消毒剂进行杀毒，以免植株受细菌、虫卵等侵害而生病。

（二）浇水技巧

1. 浇水的重要性

水对观叶植物的生长是至关重要的，室内观叶植物除个别的种类比较耐干燥以外，大多数在生长期都需要充足的水分。适量的水分可提高叶片的观赏度，使叶片颜色浓绿且充满生机。相反，如果水分供应没有达到要求的话，对植物的健康成长十分不利。如水分供应过少，盆土过干，植物会出现叶片、叶柄皱缩、萎蔫、下垂等现象，而水分供应过多时，会导致土壤中空气不足，从而引起根系窒息死亡。另外，一些病菌侵害现象的发生也跟水分的多少有着密切的关系。所以如何适时、适量地给植物浇水、掌握基本的浇水方法是养花者必修的课题。

2. 浇水的原则及常见方法

简单来说，浇水时应遵循“不干不浇，干则浇透，见干见湿”的原则。密切关注天气、季节的变化及植株自身生长周期等因素，适量地对植物进行水分补充是一个成熟养花者的基本素养。浇水时，可采取直接根浇的方法，即用喷壶在植株根部浇水。这种方法适用于天气较为干燥情况。平常还可采用喷水的方法来增加空气湿度、清洗叶片上的灰尘等，可增加叶片新鲜度，同时也利于植物的光合作用。另外对于一些不易湿透的植株来说，除了直接浇水外，还可以定期用浸泡的方法为植物补水，具体操作是将整个植物或植物的根全部浸泡于水中，待差不多湿透后再拿出即可。

喷壶

根部浇水

青铁由于霜冻而出现蔫叶现象

3. 家庭养花浇水小窍门

家庭养花浇水过程中有很多小窍门应引起养花者的重视。(1) 一些地区的地下水呈碱性，对于适应酸性土壤的植物是不利的，不能用于浇灌。大多数养花者选择自来水浇灌，应注意先将自来水存放 1 ～ 2 天后再使用，目的是让水中含有的氯气发挥掉。(2) 冬季水温较低，不宜直接对植物浇灌，应在室内放置一段时间,待水温有所升高后再浇水。(3) 盆土过干需要大量浇水时，不要立即浇灌，而应先把植株放在湿度较大的阴凉处，少量淋水，然后逐渐增加水量。(4) 盆内积水时，可把植株带泥脱盆，等植株复原后再重新上盆。

（三）如何调节温度对植物的影响

1. 观叶植物最适宜的生长温度

研究发现，植物生长的温度一般在 4 ～ 36℃之间，最佳环境温度在 15 ～ 30℃之间。气温过高或是过低都不利于植物健康发展。观叶植物最佳生长温度是 25℃左右，在这种条件下，植物生长的速度快，植株健壮，不徒长。

2. 温度过高怎么办

夏季气温升高，植物容易受热而出现生长缓慢、叶片下垂甚至死亡等现象，应及时采取降温措施。养护过程中应留意在气温升高时将植株移入阴凉处，置于通风良好的地方。平常多给叶面喷水，以保持叶片的新鲜及周围空气的湿度。

3. 怎样让植物安全过冬

冬季产生的冻害又是盆栽植物的另一主要病害。当空气处在 0℃以下低温时，植物易产生冻害。最直接而简易的方法是将植株移至室内温度较高的地方，夜晚气温较低时，避免放在窗口。另外，也可以做一些预防工作，以增强花卉的耐寒能力，如可以增施磷肥或钾肥，减少氮肥的施用等。

竹柏由于高温而出现部分干枯现象

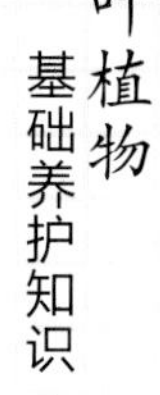

（四）施肥技巧

1. 常用肥料选择

（1）肥料的分类

肥料大致可以从化学肥料和有机肥两方面来进行选择。

常见的化肥有氮、磷、钾肥。其中氮肥又包含尿素、硫酸铵、硝酸铵等，磷肥主要有过磷酸钙，钾肥中硫酸钾、氯化钾等较为常见。此外还有一些氮磷钾的复合肥，如硝酸钾、磷酸铵等。这些肥料很好地促进了植物的生长，使其叶色鲜艳、形态俊美。如氮肥的施用可提高叶片中叶绿素的含量，从而让植株的叶片茂盛、颜色新鲜翠绿。而磷肥对根系的发育有促进作用，钾肥主要在一些代谢过程中起调节作用。

另外还有一些有机肥料，如动物粪便、草木灰等。动物粪便主要有厩肥和鸡鸭粪等，家畜的粪便含氮量较高，而鸡鸭粪则是磷肥的主要来源。草木灰含钾量较多，属于碱性肥料。

（2）主要的氮磷钾复合肥

硫酸钾：易溶于水，可作为追肥和基肥的材料。

磷酸铵：吸湿性小，属于高浓度速效肥料。

磷酸二氢钾：呈酸性，可促进花朵的形成。

2. 合理施肥

（1）怎样做到合理施肥

合理的施肥方法应做到有针对性、适时适量。针对不同的盆栽品种施予不同的肥料，如观叶类植物应多施氮肥，观花、观果类多施磷肥、钾肥等。此外须根据植物的生长情况，在合适的时间施肥。一般出现植株叶片颜色变淡、生长缓慢时是最需要施肥的时期。施肥时须注意量不要过多，且在土壤较为湿润的情况下施用，有利于植株吸肥。施完肥后，最好用一层土覆盖，以防肥性流失。

（2）常见施肥方式

常见的施肥方式有施基肥和追肥两种。施基肥是指在栽种之前施加肥料，一般以有机肥为主。追肥是在植物生长期补充其所需的肥料，一般多用化肥。另外，在叶面喷施稀释液也是一种施肥的方法。

（3）如何判断花卉缺肥

当植物缺少肥料时往往会表现出一定的症状，而养花者则可以根据这些不同的症状来初步判定植株所需要增施的肥料。

缺氮肥：叶片变得干枯、发黄，叶片小，开花少。

缺磷肥：生长缓慢，叶色、花色不鲜艳，果实发育不良等。

缺钾肥：叶片上有病斑，叶尖、叶缘出现枯死现象。

缺铁肥：新叶干枯，叶脉仍保持绿色。

缺钙肥：顶芽死亡，叶尖呈钩状。

（五）如何正确换盆

1. 何时换盆

（1）影响换盆的客观条件

换盆是养护盆栽的一个重要环节，那么在什么情况下需要给植株换盆呢？总结起来可分为三种情况。一是植株根部患病或有虫害、蚯蚓等现象出现时，这时须及时换盆。其次，有些植物需要经历一个较长的休眠期，在恢复生长前期需要更换新土或者清理腐根，也应当进行换盆的工作。最后是在植株不断成长的情况下，原来的花盆已不能够适应植株的需求，这时应及时换盆，将植株换至大盆中。

（2）换盆最佳时间

常绿型花卉宜在空气湿度较大时进行换盆，减少叶面水分的蒸发，对换盆后植物生长的影响较小。

一两年生花卉因生长速度较快，在幼苗期换盆次数宜多不宜少，能够让定植后的植株生长强健。

木本花卉一般两年左右换一次盆即可。

2. 换盆步骤

具体的换盆步骤如下：可先用竹片或小刀等工具从盆壁四周撬松盆土，迅速翻转花盆，同时拍击盆壁，使植株和土团一起脱出。然后把底层的旧土抖掉 50% 左右并剪掉一些老根、枯根，加上一些新盆土，压紧。最后向盆里适当地洒一些水，放在阴凉处就基本完成了换盆的过程。

另外，对不同种类的花卉在换盆时应根据其各自的特点来采取不同的措施。如多年生宿根草本的植物在换盆时须把一些萎缩、腐烂的根群剪掉，而木本花卉的根系修剪不宜过多。仙客来等球根花卉的换盆宜在球根刚萌芽时进行。

3. 换盆的注意事项

（1）每种植物在不同生长时期换盆的时间、次数不一样，养花者须不同对待。就观叶植物来说，可选择在雨季换盆，以减少叶面水分的蒸发；有一些开花的观叶植物不能在花朵形成期换盆，否则会影响花期。

（2）花盆与植株大小要相适应。

（3）换入新盆之前，在花盆的盆底垫上碎瓦片，凹面朝下，留住排水孔。

（4）完成换盆后，浇一次透水，不需施肥，放置阴凉处即可。

（5）上盆时，应左手持植株，右手加满土壤、介质等，然后抖动花盆，用手压紧土壤。

（六）观叶植物病虫害防治

1．常见虫害

红蜘蛛

繁殖较快，发生于干燥、高温的环境中，能使叶片枯萎或脱落。在少量发生时可摘除病叶，并改善通风条件，多向植物喷水，降低温度与空气湿度。可用杀螨剂，如三氯杀螨醇或氧化乐果 100 倍液，每隔 1 周喷洒 1 次，连续喷 2 ～ 3 次。

介壳虫

观叶植物中常见的害虫之一，繁殖力强，一年之内可多代繁殖，在高温地区常年都有可能发生，严重者可诱发煤烟病。选用水胺硫磷 1000 倍液、20% 杀灭菊酯 1500 ～ 2000 倍液、40% 氧化乐果 800 ～ 1000 倍液等，每隔 1 周喷洒 2 ～ 3 次。

蚜虫

能使植株叶片变形、卷曲、皱缩，分泌物能诱发煤烟病。可用 25% 鱼藤精 800 ～ 1000 倍液、40% 氧化乐果 2000 倍液、3% 天然除虫菊酯 1000 倍液及溴氰菊酯 2000 ～ 3000 倍液等喷洒。

粉虱

虫体小，白色，能使叶片枯黄，严重时导致植株死亡。可用 2.5% 溴氰菊酯、20% 杀灭菊酯 1500 ～ 2000 倍液及其他拟除虫菊酯类农药喷洒防治若虫、成虫和卵，一般每周喷 1 次，连续 3 ～ 4 次即可。

2．常见病害

炭疽病

是由真菌引起的病害。夏季多雨季节时，在空气湿度高、通风差的温室室内易发病。能使叶片枯萎、腐烂。喷洒 75%甲基托布津可湿性粉剂 1000 倍液，75%百菌清可湿性粉剂 600 倍液，或 25%炭特灵可湿性粉剂 500 倍液，25%苯菌灵乳油 900 倍液，或 50%退菌特 800 ～ 1000 倍液，或 50%炭福美可湿性粉剂 500 倍液。隔 7 ～ 10 天喷洒 1 次，连续 3 ～ 4 次，防治效果较好。

褐斑病

在较高温度下容易发生。侵害叶片时，导致全叶枯萎。可以选用甲基托布津、三唑酮等常规杀菌剂，如果病情很严重，可以选用阿米西达或绘绿。

黑斑病

发生在潮湿季节，在叶片、叶柄等处出现圆形或不规则形黑色叶斑。可喷 50% 多菌灵可湿性粉剂 500 ～ 1000 倍液，或 75% 百菌清 500 倍液，或 80% 代森锌 500 倍液，7 ～ 10 天喷洒 1 次，连喷 3 ～ 4 次。

白粉病

在叶片上形成白色粉末状物，降低观赏价值。发病初期，可喷洒 50% 甲基托布津 1000 倍液或 70% 百菌清 600 ～ 800 倍液。

锈病

易引起叶片发黄脱落。可用 25% 粉锈宁 1500 ～ 2000 倍液防治。

3．如何有效防治病虫害

（1）保持室内通风，经常给植物喷水，保持空气湿度，减少虫害发生。

（2）认真管理植物，提高植物自身抗病虫害能力。

（3）病虫一旦发生，及时喷洒相应的杀虫剂，根据不同虫害类型选择适合的农药。

（4）可以在家庭自制一些杀虫剂，如肥皂水、辣椒水等。

（七）盆栽养护器皿与工具

1．盆器

各种各样的盆器

瓷盆

螺纹白盆

螺纹黑盆

塑料盆

釉盆

紫砂盆

2．常用工具

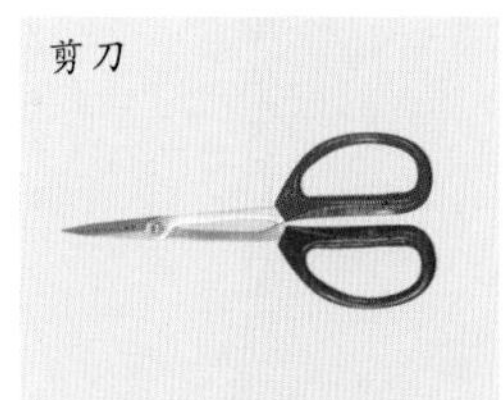
剪刀

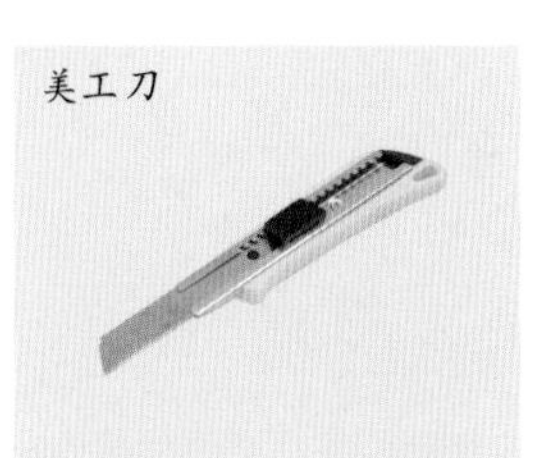
美工刀

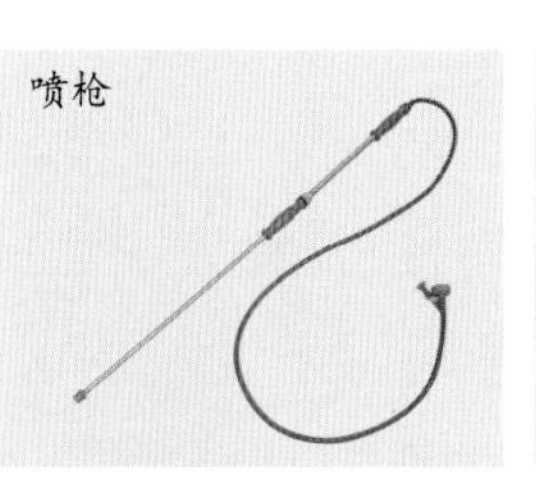
喷枪

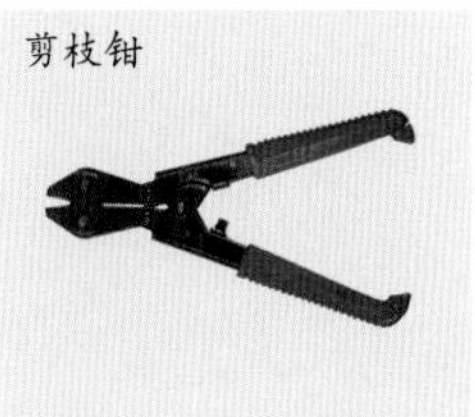
剪枝钳

水壶

小喷壶

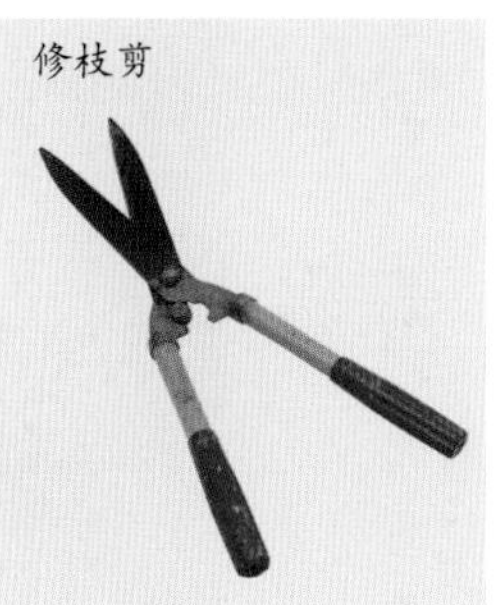
修枝剪

经典
观叶植物介绍

一、木本观叶类植物

巴西木

别名：巴西铁树、巴西千年木、金边香龙血树

原产地：非洲西部

类别：百合科龙血树属

形态特征：乔木状常绿植物，株高达 6m。茎粗大，多分枝。树皮灰褐色或淡褐色，皮状剥落。叶簇生于茎顶，弯曲呈弓形，鲜绿色有光泽，叶片宽大，生长健壮。有花纹，下端根部呈放射状。花小不显著，芳香。

生态习性：性喜光照充足、高温、高湿的环境，亦耐阴、耐干燥，在明亮的散射光和北方居室较干燥的环境中，也生长良好。

用途：巴西木形态颇具特点，叶片多彩秀美，适于室内养护，是较为流行的盆栽花木。在美洲和非洲有赠友人以巴西铁柱茎段的习俗，用来表示美好的祝福。

适合摆放的位置：客厅、书房。

养护要点

水：每周浇水 1 ~ 2 次，水不易过多，以防树干腐烂。夏季高温时，可用喷雾法来提高空气湿度，并在叶片上喷水，保持湿润。抗干旱能力强，数日不浇水也不会干死。

肥：施肥宜施稀薄肥，切忌浓肥，施肥期在每年的 5—10 月。冬季停止施肥，并移入室内越冬。对斑纹品种，施肥要注意降低氮肥比例，以免引起叶片徒长，并导致斑纹暗淡甚至消失。

土：可用菜园土、腐叶土、泥炭土、河沙按 3：2：2：3，或肥沃塘泥晒干细碎 2/3 和粗河沙 1/3 拌匀混合配制成培养土。

光：喜明亮的散射光，室内摆放宜放在通风处。

温度：生长适温为 20 ~ 28℃，休眠温度为 13℃，越冬温度为 5℃。温度太低，叶尖和叶缘会出现黄褐斑，严重的还会被冻坏嫩枝或全株。

繁殖：繁殖可用扦插法或水培法。

病虫害防治：常见叶斑病和炭疽病危害，可用 70% 甲基托布津可湿性粉剂 1000 倍液喷洒。虫害有介壳虫和蚜虫危害，可用 40% 氧化乐果乳油 1000 倍液喷杀。

百合竹

别名：短叶朱蕉

原产地：马达加斯加

类别：百合科龙血树属

形态特征：多年生长绿灌木或小乔木。叶线形或披针形，全缘，浓绿有光泽，松散成簇；花序单生或分枝，常反折，花白色，为雌雄异株。

生态习性：习性强健，喜高温多湿，生长适温20～28℃，耐旱也耐湿，温度高则生长旺盛，冬季干冷易引起叶尖干枯。宜半阴，忌强烈阳光直射，越冬要求12℃以上。对土壤及肥料要求不严。

用途：百合竹叶色浓绿、飘逸潇洒且耐阴性较好，为室内观叶佳品。

适合摆放的位置：客厅、书房。

养护要点

水：在盆土表层干燥后浇透为宜，利于其生长良好。干湿交替进行浇水可令枝叶浓密，枝节紧凑，观赏价值高。

肥：对肥料的需求不严格，在生长期中追施化学肥料或有机肥液均可，但施用化学肥料时要少量多次，并在施肥后及时浇水。另外，可在每年换盆换土时加入一定腐熟的有机肥料作底肥，保证其生长良好。

土：适应性较好，能在黏土、沙土中生长，但以疏松肥沃、排水良好且富含腐殖质的沙壤土生长最佳。家庭栽培可用腐叶土与河沙或炉渣灰混合作基质。

光：喜光照，又忌夏季烈日直射，家庭养护可将其置于南窗下或阳台处，只在夏日避开直射光照即可，其他季节最好能给予一定的光照，否则叶片会暗淡而无光泽，严重降低观赏价值。

温度：性喜温暖湿润的生长环境，在高温环境下也能生长，最适宜生长温度为20～30℃之间，越冬温度最好保持在10℃以上，不耐低温冻害。

繁殖：扦插繁殖。

病虫害防治：常见有黑斑病、炭疽病危害，可选用50%多苗灵可湿性粉剂600～800倍液喷洒防治。另有介壳虫、蚜虫危害，可用40%氧化乐果乳剂或80%敌敌畏乳剂1000倍液喷杀。

变叶木

别名：变色月桂、洒金榕

原产地：东南亚和太平洋群岛的热带地区

类别：大戟科变叶木属

形态特征：常绿灌木或小乔木。高1～2m。单叶互生，厚革质；叶形和叶色依品种不同而有很大差异，叶片形状有线形、披针形至椭圆形，边缘全缘或者分裂，波浪状或螺旋状扭曲，甚为奇特，叶片上常具有白色、紫色、黄色、红色的斑块和纹路，全株有乳状液体。总状花序生于上部叶腋，花白色不显眼。

生态习性：喜高温、湿润和阳光充足的环境，不耐寒。

用途：变叶木颜色多变，姿态优美，在观叶植物中深受人们的喜爱，多用于公园、绿地和庭院美化，既可丛植，也可做绿篱，也可做盆花栽培，装饰房间、厅堂和布置会场。其枝叶是插花理想的配叶料。

适合摆放的位置：客厅、阳台。

养护要点

水：4—8月生长期要多浇水，夏季高温时节应经常给叶片喷水，保持叶面清洁及环境潮湿。

肥：生长期需肥量较大，一般每月施1次液肥或缓释性肥料。

土：喜肥沃、黏重而保水性好的土壤，培养土可用黏质土、腐叶土、腐熟厩肥等调配。

光：喜阳光充足，不耐阴。室内应置于阳光充足的南窗及通风处，以免下部叶片脱落。

温度：属热带植物，喜高温潮湿的环境。生长适温20～35℃，冬季不得低于15℃。若温度降至10℃以下，叶片会脱落，翌年春季气温回升时，剪去受冻枝条，加强管理，仍可恢复生长。

繁殖：播种繁殖、扦插繁殖、压条繁殖。

病虫害防治：常见黑霉病、炭疽病危害，可用50%多菌灵可湿性粉剂600倍液喷洒。室内栽培时，由于通风条件差，往往会发生介壳虫和红蜘蛛危害，可用40%氧化乐果乳油1000倍液喷杀。

昆士兰伞木

别名：大叶伞、昆士兰遮树、澳洲鸭脚木

原产地：澳大利亚及太平洋中的一些岛屿

类别：五加科鹅脚木属

形态特征：常绿乔木。叶为掌状复叶，小叶数随成长而变化较大，幼年时3～5片，长大时9～12片，可多达16片。小叶长椭圆形，先端钝，有短突尖，基部钝；叶缘波状，革质；叶背淡绿色，叶柄红褐色。伞状花序，顶生小花，白色，花期春季，但盆栽极少开花。

生态习性：适生于温暖湿润及通风良好的环境，喜阳也耐阴，在疏松肥沃、排水良好的土壤中生长良好。

用途：昆士兰伞木叶片宽大，且柔软下垂，形似伞状；枝叶层层叠叠，株形优雅，姿态轻盈又不单薄，极富层次感，是较理想的家庭观叶植物。

适合摆放的位置：客厅、书房、卧室转角等处。

养护要点

水：保持土壤湿润，保证水分充足，并经常进行叶面喷雾，以免空气干燥，叶片褪绿黄化，秋末及冬季要减少浇水量。

肥：3—10月是其旺盛生长期，需肥量较大，一般每月施1次肥，秋末及冬季要控制施肥量；可于秋末喷施0.3%～0.5%磷酸二氢钾等磷、钾肥进行叶面施肥，以促进枝叶老化，提高冬季抗寒力。

土：可用园土和腐叶土混合作为基质。

光：夏季切忌阳光直射，注意适当遮阴，一般遮度30%～40%，室内摆设位置于有一定漫射光处，并注意通风。

温度：对温度要求较高，温度较低易造成落叶现象。日常养护应注意保持15℃以上的温度，而在深秋和冬季，则应注意做好越冬防寒、防冻管理。

繁殖：可用播种和扦插繁殖。

病虫害防治：全年均有炭疽病发生，可喷洒75%百菌清500～600倍液防治。介壳虫发生在叶背刺吸叶汁，严重时会转为煤烟病，可用40%乐果800倍液喷洒。

代 代

别名：回青橙，玳玳橙，酸橙花

原产地：中国南部

类别：芸香科柑橘属

形态特征：常绿灌木，枝具刺，无毛。叶卵状椭圆形，长0.5～10cm；叶柄通常具宽翅。花白色，芳香浓郁，单生或簇生；花期四月末至五月初。果实扁球形，直径7～8cm，当年冬季成熟后呈橙黄色，如不采摘，翌年皮色又变青，能经4～5年不落。

生态习性：性喜温暖湿润的气候，喜阳光照射。

用途：代代由于枝叶繁茂，冬季长青，常被用作观赏植物。耐阴性较强，长久放置于室内依然能够显示出它完美株形，故成为大多数爱花者的选择。

适合摆放的位置：庭院角落、书房、门厅、客厅。

养护要点

水：除正常浇水外，遇到天气干燥，还应经常喷水，使之保持湿润。夏天天气炎热，应注意适当遮阴，早晚各浇水1次，注意夏天或雨季放在室外受雨淋后要及时排水，不能使花盆内有积水。

肥：开花前追施液肥2～3次，果熟后每20天左右追肥1次，促进果实生长。

土：要求肥沃和排水良好的微酸性或中性土壤。宜用菜园土、黄泥、砻糠灰以3∶1∶1的比例配成盆中营养土。

光：要求阳光充足，不耐阴，室内要求放在光线好的南窗前，并要通风好。

温度：生长适温在20～30℃，越冬保持0℃以上，不宜过低，避免造成枯叶的现象。

繁殖：多采用扦插和嫁接繁殖。

病虫害防治：主要病害是叶斑病。8—9月份发病较重，可保持透光通风，每月向植株喷施1次0.5%的硫酸亚铁溶液。主要虫害是吹绵介，在室温过高、通风不良或高温高湿条件下易发生。喷洒40%氧化乐果1500倍液即可防止。如果有煤烟病同时发生，可用清水擦洗或喷洒25%多菌灵可湿性粉剂300倍液，效果较好。

非洲茉莉

别名：灰莉木、箐黄果

原产地：我国南部及东南亚等国

类别：马钱科灰莉属

形态特征：常绿蔓性藤本。叶对生，长15cm，广卵形、长椭圆形，先端突尖，厚革质，全缘，表面暗绿色。伞房状集伞花序，腋生，萼片5裂，花冠筒长6cm象牙白，蜡质，蓇葖果椭圆形，种子顶端具白绢质种毛。花期5月，果期10—12月。

生态习性：性喜温暖，忌阳光直射；不耐寒冷、干冻，在疏松肥沃、排水良好的土壤上生长最佳；它的萌芽、萌蘖力强，特别耐反复修剪。

用途：非洲茉莉丰满的株形再加上碧绿青翠的革质叶，甚是讨人喜欢，具有较高的观赏价值，是近年流行的室内观叶植物。

适合摆放的位置：客厅、庭院。

养护要点

水：要求水分充足，但根部不得积水，否则容易烂根。夏季，在上、下午各喷水1次，增湿降温；冬季以保持盆土微潮为宜，并在中午前后气温相对较高时，向叶面适量喷水。

肥：生长季节每月追施稀薄的腐熟饼肥水1次，5月开花前追磷、钾肥1次，促进植株开花；秋后再补充追施磷、钾肥1～2次。

土：要求疏松肥沃、排水良好的沙壤土，可用7份腐叶土、1份河沙、1份沤制过的有机肥、1份发酵过的锯末屑配制。

光：喜阳光，春秋两季可接受全光照，夏季则要求遮阴，不宜过分阴暗，否则易导致叶片失绿泛黄或脱落，可放在靠近窗边的位置。

温度：生长适温为18～32℃，夏季气温高于38℃以上时，会抑制植株的生长，冬季室内温度不低于3～5℃。

繁殖：播种、扦插或分株繁殖。

病虫害防治：病害常见的有炭疽病，可喷洒50%的多菌灵可湿性粉剂800倍液防治。虫害偶尔会出现食叶性害虫，应及时喷洒90%的敌百虫晶体800倍液。

凤尾竹

别名：米竹、筋头竹、蓬莱竹

原产地：中国南部

类别：禾本科簕竹属

形态特征：多年生木质化植物。秆密丛生，矮细但空心；秆高1～3m，径0.5～1.0cm，具叶小枝下垂，每小枝有叶9～13枚，叶片小型，线状披针形至披针形，长3.3～6.5cm，宽0.4～0.7cm，常20片排生于枝的两侧，似羽状。

生态习性：喜光，稍耐阴，喜温暖湿润的气候。喜欢潮湿和温暖，还喜欢半通风和半阴。

用途：叶形似凤尾，纤细柔嫩，叶色鲜艳浓绿，适宜在庭院种植或家中摆放。多姿的形态能为家中增加一份雅趣，观赏价值较高。

适合摆放的位置：门厅、客厅。

养护要点

水：喜湿、怕积水，保持盆土湿润，不可浇水过多，否则易烂鞭烂根。夏天平均1～2天浇水1次，冬天少浇水，以防“干冻”。

肥：以有机肥为主，经腐熟后的畜粪、垃圾肥及河泥等均可，用量一般为盆土量的10%～15%。生长期每月施人1～2次稀薄的氮肥即可。

土：喜酸性、微酸性或中性土壤，以pH4.5～7.0为宜，忌黏重、碱性土壤。北方土壤碱性强，可加人0.2%的硫酸亚铁。

光：较为耐阴，但也喜阳光照射。冬天应该搬到室内有阳光的地方，促进枝叶的光合作用，提高其观赏价值。春、夏、秋三季只需放置在窗口通风处，就可良好生长。

温度：冬季温度不低于0℃，适宜温度为12～28℃，夏季当温度上升至30℃左右时，注意采取降温措施，否则影响叶片的观赏度，并可能滋生虫害。

繁殖：可用分株、种子、扦插繁殖。分株是主要的繁殖方法。

病虫害防治：常发生叶枯病和锈病，用65%代森锌可湿性粉剂600倍液防治叶枯病，用50%萎锈灵可湿性粉剂2000倍液防治锈病。虫害有介壳虫和蚜虫危害，用40%氧化乐果乳油1500倍液喷杀。

福禄桐

别名：圆叶南洋森、圆叶南洋参

原产地：太平洋群岛

类别：五加科南洋森属

形态特征：常绿灌木或小乔木，植株多分枝，茎干灰褐色，密布皮孔。枝条柔软，叶互生，3小叶的羽状复叶或单叶，小叶宽卵形或近圆形，基部心形，边缘有细锯齿，叶面绿色。

生态习性：喜温暖湿润和阳光充足的环境，耐半阴，不耐寒，怕干旱。

用途：福禄桐因其直立挺拔，枝叶繁茂，常用作庭园树或绿篱，也可作为盆栽欣赏，寓意深刻的名称让它受到很多养花者的欢迎。

适合摆放的位置：光线明亮的室内客厅、庭院。

养护要点

水：生长期要有充足的水分供应，但不能浇水过多，避免造成积水烂根。夏季除浇水要充足外，还需每天给叶面喷水1次，秋冬季节则应减少浇水量，或以喷水代替浇水，盆土保持微润稍干即可。

肥：可浇施0.2%尿素与0.1%磷酸二氢钾的混合液，也可在盆土表面撒施或埋施少量多元缓释复合肥颗粒。

土：可用腐叶土4份、园土4份、沙2份和少量沤制过的饼肥末或骨粉混合配制。

光：在半光照、有明亮散射光的环境下，生长最为旺盛。

温度：它的生长适温为15～30℃，其中4—10月可保持在20～30℃，10月至翌年4月保持在13～20℃。秋末冬初，当气温降至15℃时，要及时将其搬到室内，以免植株受寒害。冬季若室温能维持20℃以上，则其茎叶仍继续生长；若温度不高，则植株停止生长，进入半休眠状态。

繁殖：扦插繁殖。

病虫害防治：炭疽病用75%的百菌清1000倍液与70%的甲基托布津1000倍液等量混合喷洒植株即可。在通风不良、光线较差、高温高湿的条件下，植株易遭多种介壳虫危害，可用25%的扑虱灵可湿性粉剂1500倍液喷洒。

富贵椰子

别名：缨络椰子

原产地：澳大利亚

类别：棕榈科墨西哥棕属

形态特征：丛生灌木，茎基具多分枝，株高可达 3m。叶羽状分裂，长 50 ~ 80cm，先端弯垂，裂片宽 1 ~ 1.5cm，平展，叶色墨绿，表面有亮丽光泽，佛焰状花序生于叶丛下，果熟时红褐色，近圆形，果期 10—12 月。

生态习性：性喜温暖湿润半阴环境，耐阴性强，耐寒性较强，可耐 -4℃低温。

用途：富贵椰子植株净高 1 ~ 1.2m，株形优美，姿态秀雅，叶色浓绿光亮，耐阴性强，是优良的室内中型盆栽观叶植物，置于家中，显得灵巧别致，富有热带风光的情调。

适合摆放的位置：客厅、书房、卧室。

养护要点

水：夏秋季空气干燥时，要经常向植株喷水，以提高环境的空气湿度，这样有利于生长，同时可保持叶面深绿且有光泽；冬季适当减少浇水量，以利于越冬。

肥：对肥料要求不高，一般生长季每月施液肥 1 ~ 2 次，秋末及冬季稍施肥或不施肥。

土：栽培基质以排水良好、湿润、肥沃壤土为佳，盆栽时一般可用腐叶土、泥炭土加 1/4 河沙和少量基肥培制作为基质。

光：喜半阴条件，忌阳光直射。可放在室内有阳光照射处养护，夏季光线强烈时，应及时采取遮阴措施，适当浇水喷雾，防止叶片卷曲萎蔫。

温度：性喜高温高湿及半阴环境。生长适温为 20 ~ 30℃，夏季可接受阳光的直射，但应保持环境湿润，冬季温度在 13℃左右时进入休眠状态，需放置室内越冬。

繁殖：播种繁殖。

病虫害防治：在高温高湿下，易发生褐斑病，应及时用 800 ~ 1000 倍托布津或百菌灵清防治。在空气干燥、通风不良时也易发生介壳虫，除人工刮除外，还可用 800 ~ 1000 倍氧化乐果喷洒防治。

观音竹

别名：富贵竹、莲花竹

原产地：印度洋西部诸岛

类别：百合科龙血树属

形态特征：常绿直立灌木，叶片翠绿，茎秆笔直，圆形似竹。叶互生或近对生，纸质，叶长披针形，有明显 3 ~ 7 条主脉，具短柄，浓绿色。叶卵形，前端尖，叶柄基部抱茎。

生态习性：极耐阴。可以长期摆放在室内观叶，不需要特别养护，只要有足够的水分，就能旺盛生长。喜温暖湿润的生长环境，土壤需排水良好的沙壤土，怕积水，最适生长温度为 22 ~ 30℃。

用途：观音竹姿态优雅，颜色翠绿，层层叠叠，形似莲花，给人以美的享受。在家里摆放不仅可以作为装饰，而且还能改善局部环境的空气质量，是室内观叶良品。

适合摆放的位置：书房、卧室的窗台等地。

养护要点

水：喜湿润的环境，平常多浇水。在夏季高温时节平均每天浇水 1 次，以保持盆土湿润，冬季浇水量逐渐减少。

肥：对环境适应能力较强，故肥水不宜过多，否则会引起其叶片发黄脱落。施肥讲求薄肥薄施的原则。

土：宜用疏松、排水通气良好的富含腐殖质的土壤，一般可用腐叶土、园土和河沙等量混合作为基质。

光：耐阴性强，在弱光照的条件下，仍然生长良好。光照过强易引起叶片发黄，夏季高温干燥时应及时移入较阴蔽的地方，并在其周围喷水保持环境潮湿。

温度：在温度为 22 ~ 30℃左右时生长良好，冬季越冬温度需在 0℃以上。

繁殖：扦插或水培繁殖。

病虫害防治：常见有叶斑病、茎腐病和根腐病危害。叶斑病多发生在叶尖或叶缘上，病初呈圆形病斑，并逐渐蔓延扩大，可用 100 倍波尔多液喷洒多次。虫害有蓟马和介壳虫危害，可用 50% 氧化乐果乳油 1000 倍液喷洒。

红豆杉

别名：紫杉、赤柏松

原产地：中国

类别：红豆杉科红豆杉属

形态特征：常绿乔木。叶螺旋状互生，基部扭转为两列，条形略微弯曲，叶缘微反曲，叶端渐尖，叶缘绿带极窄，雌雄异株，雄球花单生于叶腋，雌球花的胚珠单生于花轴上部侧生短轴的顶端，基部有圆盘状假种皮。种子扁卵圆形，有2棱，卵圆形，假种皮杯状，红色。

生态习性：具有喜阴、耐旱、抗寒的特点，要求土壤 pH5.5 ~ 7.0。主根不明显，侧根发达，枝叶茂盛，萌芽力强，耐低寒，能耐－25℃的低温。

用途：红豆杉植株优美，果实红润可爱，是国家重点保护的植物。还能净化空气、消炎杀菌，向外挥发的气味分子香茅醛可驱蚊。

适合摆放的位置：客厅、庭院。

养护要点

水：秋冬季节需水量少，生长缓慢，只要对叶面进行喷雾即可。注意浇水时要一次性浇透，使盆土充分吸足水分。

肥：需肥量不大，每隔 2 ~ 3 个月施肥 1 次，肥料以饼肥为佳，施肥时应注意沿盆边操作，避免碰到盆景根部。可多施氮肥，促进枝叶生长。

土：宜采用疏松，富含腐殖质、肥沃，呈微酸性（pH5 ~ 6.5）的土壤。

光：喜阴植物，适宜在室内摆放，夏天要适当遮光，不宜在有光照的房间内摆放。强光照射易使叶片受到损害，但完全没有光照也会影响植株的健康生长。

温度：对温度适应性较强，生长适温在 11 ~ 16℃之间，最低越冬温度可达 −11℃。室内温度过高会增大叶片水分的蒸发量，导致枝叶脱水，造成叶片卷曲干枯，影响其观赏价值。

繁殖：播种、组织培养、扦插繁殖。

病虫害防治：高温和干旱季节，会发生叶枯病和赤枯病，可喷施 1% 的波尔多液防治。

三色朱蕉

别名：红铁、彩叶铁、三色铁树

原产地：东南亚及澳大利亚、新西兰

类别：百合科朱蕉属

形态特征：常绿灌木，单茎，茎干呈棒状，叶排列成疏松的莲坐状，随着时间的推移，下部叶逐渐枯萎和脱落。叶狭长呈拱形，没有叶柄。叶片初为绿色，渐产生各种彩纹，叶片呈绿、黄、红色条纹。

生态习性：宜半阴，忌直射光照，且注意避风。需较高的空气湿度，干燥和强通风环境极易使叶梢变成棕褐色以至叶片脱落。不耐寒，越冬温度不低于 10 ~ 13℃。

用途：色彩高雅华丽、株形优美，观赏性较高。

适合摆放的位置：阳台、窗台。

养护要点

水：对水分的反应比较敏感。生长期盆土必须保持湿润。缺水易引起落叶，但水分太多或盆内积水，同样会引起落叶或叶尖黄化现象。茎叶生长期经常喷水，以空气湿度 50% ~ 60%较为适宜。

肥：施肥宜讲求适当、适量的原则，每月施复合肥料 1 次即可。

土：土壤以肥沃、疏松和排水良好的沙壤土为宜，不耐盐碱和酸性土。盆栽常用腐叶土或泥炭土和培养土、粗沙的混合土壤。

光：对光照的适应能力较强。明亮光照对朱蕉生长最为有利，但短时间的强光或较长时间的半阴对朱蕉的生长影响不大。夏季中午适当遮阴，减弱光照强度，对叶片生长极为有利。

温度：喜高温环境，生长适温为 20 ~ 25℃，夏季白天可 25 ~ 30℃，冬季夜间温度 7 ~ 10℃。不能低于 4℃，个别品种能耐 0℃低温。

繁殖：播种、分株，扦插繁殖。

病虫害防治：主要是红蜘蛛、介壳虫多见，可喷施专杀药剂防治，如用三氯杀螨醇、尼索朗等防治红蜘蛛；用杀扑磷、毒死蜱等防治介壳虫。

金钱树

别名：金币树、雪铁芋、泽米叶天南星、龙凤木

原产地：非洲东部

类别：天南星科雪芋属

形态特征：地上部无主茎，不定芽从块茎萌发形成大型复叶，小叶肉质具短小叶柄，坚挺浓绿；地下部分为肥大的块茎。羽状复叶自块茎顶端抽生，叶轴面壮，小叶在叶轴上呈对生或近对生。叶柄基部膨大，木质化；每枚复叶有小叶 6 ~ 10 对，具 5 年以上寿命，被新叶不断更新。

生态习性：性喜暖热略干、半阴及年均温度变化小的环境，较耐干旱，畏寒冷，忌强光暴晒，怕土壤黏重和盆土内积水。萌芽力强。

用途：金钱树是颇为流行的室内大型盆景植物，株形优美，格调高雅、质朴，已经成为最流行的盆栽植物之一。

适合摆放的位置：客厅、书房。

养护要点

水：夏季每天给植株喷水 1 次以保持盆土微湿。冬季要注意给叶面和四周环境喷水，使相对空气湿度达到 50% 以上。

肥：生长季节可每月浇施 2 ~ 3 次 0.2% 的尿素加 0.1% 的磷酸二氢钾混合液，当气温降到 15℃以下时，应停止一切形式的追肥，以免造成低温条件下的肥害伤根。

土：要求土壤疏松肥沃、排水良好、富含有机质、呈酸性至微酸性。

光：喜光又有较强的耐阴性，忌强光直射，对冬季移放到室内的盆栽植株，应给予补充光照。

温度：生长适温为 20 ~ 32℃，若室温低于 5℃，易导致植株受寒害进而严重危及其生存。秋末冬初，当气温降到 8℃以下时，应及时将其移到光线充足的室内，在整个越冬期内，温度应保持在 8 ~ 10℃。

繁殖：分株、扦插繁殖。

病虫害防治：褐斑病宜用 50% 的多菌灵可湿性粉剂 600 倍液，防治效果较好。介壳虫可喷洒 20% 的扑虱灵可湿性粉剂 1000 倍液。

罗汉松

别名：罗汉杉、长青罗汉杉、土杉

原产地：中亚热带地区

类别：罗汉松科罗汉松属

形态特征：树冠广卵形。叶条状披针形，先端尖，基部楔形，两面中肋隆起，表面暗绿色，背面灰绿色，有时被白粉，排列紧密，螺旋状互生。雌雄异株或偶有同株。种子卵形，有黑色假种皮，着生于肉质而膨大的种托上，种托深红色，味甜可食。花期 5 月，种熟期 10 月。

生态习性：性喜阳光充足，也稍耐阴。要求温和湿润的气候条件，夏季无酷暑湿热，冬季无严寒霜冻。

用途：由于罗汉松树形古雅，惹人喜爱，南方寺庙、宅院多有种植。可门前对植，中庭孤植，或于墙垣一隅与假山、湖石相配。斑叶罗汉松可作花台栽植，亦可布置花坛或盆栽陈于室内欣赏。小叶罗汉松还可作为庭院绿篱栽植。

适合摆放的位置：书房、客厅。

养护要点

水：耐阴湿，生长期要注意经常浇水，但不宜渍水。一般要在早、晚各浇 1 次水，另外还要经常喷叶面水，使叶色鲜绿。夏季雨水通常比较多，要注意防止长时间积水。

肥：应薄肥勤施，肥料以氮肥为主，可加入适量黑矾，沤制成矾肥水。也可每次喷含复合肥 0.5% ~ 1% 的水肥或稀薄饼液水肥。

土：要求富含腐殖质、疏松肥沃、排水良好的微酸性培养土，在碱性土壤中叶片黄化，生长缓慢。

光：属于中性偏阴性树种，能接受较强光照，也能在较阴的环境下生长。

温度：对温度要求不高，冬天应放在高于 5℃ 的室内，过高的室温不宜植物的休眠。

繁殖：常用播种和扦插繁殖。

病虫害防治：主要有叶斑病和炭疽病危害，用 50% 甲基托布津可湿性粉剂 500 倍液喷洒。虫害有介壳虫、红蜘蛛和大蓑蛾危害，可用 40% 氧化乐果乳油 1500 倍液喷杀。

罗汉竹

别名：佛肚竹、人面竹、寿星竹

原产地：中国

类别：禾本科簕竹属

形态特征：散生竹。竹杆高3～8m，径2～3cm，劲直，下部节间畸形缩短，节间肿胀。节环互为歪斜，甚为奇特，杆中部节间正常，新杆绿色，老杆黄绿色，节间长15～20cm。箨叶带状披针形、下垂，每小枝着叶2～3片，竹姿奇异。笋期4—5月。

生态习性：适应性强，喜湿润的气候条件，抗寒力强，能耐短时间-20℃绝对低温，要求深厚的土层和肥沃的酸性土，不耐盐碱和干旱。

用途：自古以来，竹就以其中空寓意虚心、刚直的美好品质，再加上它形态多姿，枝叶繁茂，观赏期较长，用来点缀自己的住所是个不错的选择。摆在书房内，更添一份高雅脱俗。

适合摆放的位置：阳台、书房。

养护要点

水：喜湿怕积水。如果盆土缺水，竹叶会卷曲，此时，应及时浇水，则竹叶又会展开。夏天平均1～2天浇水1次，冬天少浇水，但要保证盆土湿润，以防“干冻”。

肥：生长期适当追肥，做到“薄肥勤施”，在春夏季施0.5%尿素或1%的复合肥。肥水太浓易造成叶片枯黄、萎蔫。

土：喜酸性、排水良好的土壤环境，以腐殖土为主再加少量沙土即可。

光：较耐阴，可长期置于室内。高温季节，应移至阴凉处，避免烈日暴晒。冬季须将其移至背风向阳处或室内。

温度：秋末冬初，当夜间最低气温降至5℃左右时，应移入室内，室温保持在8℃左右即可，室温过高对来年生长不利。

繁殖：用移植母竹及埋鞭法繁殖。

病虫害防治：虫害主要有蚜虫、介壳虫等，可用80%敌敌畏乳剂或40%乐果乳剂1000倍液喷洒；病害主要有煤污病、丛枝病等，要加强管理，及时修剪病株。

螺纹铁

别名：菲律宾铁树、卷叶铁

原产地：菲律宾

类别：龙舌兰科龙血树属

形态特征：热带常绿灌木。2～3m高。叶轮生，有些品种是多样的白色到灰绿色。叶缘绿色，且具波浪状起伏，有光泽。

生态习性：性喜高温、多湿、半日阴环境生长。忌强光，喜肥沃、湿润的土壤环境，冬季可耐低温，耐阴性较强。

用途：螺纹铁叶片青翠盘旋而上，姿态端庄秀丽，管理恰当更使翠绿挺拔，具有极高的观赏价值，常用于宾馆、酒店等场所摆放，也是家庭盆栽的优良品种。除此之外，螺纹铁还能很好地吸收空气中的二氧化碳，在一定程度上增加空气湿度。

适合摆放的位置：书房、起居室。

养护要点

水：对水分要求不高，但需保持周围空气的湿润，否则易造成叶片萎蔫卷曲。在湿热高温的夏季应该适当增加浇水的次数，可每2～3天浇1次透水，冬季生长速度减慢，浇水不宜过多，保持盆土稍干即可。

肥：掌握适量、适时的施肥原则，薄肥勤施，肥料过浓，易引起根系烧伤。

土：可用排水良好的沙壤土。土壤可以增施基肥，以促进叶片生长得浓绿且富有光泽。

光：对日照要求不高，在间接光照射的情况下能保持芽嫩叶绿，故特别适于室内的栽培摆设。但如果长久远离光照也不利于植株的健康生长，在晴朗的午后可适当接受光照。

温度：喜温暖湿润的环境，生长适温为15～28℃之间，冬季越冬温度不低于0℃。炎夏温度高于30℃时，应采取降温措施，如增加浇水量与浇水次数等。

繁殖：扦插繁殖。

病虫害防治：常见病害有叶斑病和炭疽病危害，可用70%甲基托布津可湿性粉剂1000倍液喷洒。害虫有介壳虫和蚜虫，可用40%氧化乐果乳油1000倍液喷杀。

绿宝树

别名：大叶牛尾连、牛尾林

原产地：广东、海南、云南、广西等地

类别：紫葳科菜豆树属

形态特征：落叶乔木，高 20 ~ 25m。1 ~ 2 年回羽状复叶，小叶纸质，长圆状卵形，长 4 ~ 10cm，宽 2.5 ~ 4.5cm，先端渐尖，基部阔楔形，侧脉纤细，支脉稀疏，呈网状。花两性，总状花序或圆锥花序，花萼淡红色，筒状不整齐。

生态习性：喜光照，耐半阴，生长较迅速，喜疏松土壤及温暖湿润的环境。

用途：绿宝树形美观，树姿优雅。花香淡雅，花色美且多，令人赏心悦目。因此，具有极高的观赏价值和园林应用前景，是热带、南亚热带地区城镇、街道、公园、庭院等园林绿化的优良树种。也常作为盆栽养护。

适合摆放的位置：大厅内或者大门两旁。

养护要点

水：喜湿润，可经常用稍温的清水喷洒植株，以维持其清秀的外貌，同时也可增加环境湿度。

肥：生长期中需要勤施肥，一般以氮、磷、钾的混合肥料即可。也可用稀释后的薄肥水代替清水浇灌盆土。

土：应选用疏松、透气、排水良好的基质，可以用草炭土加珍珠岩和蛭石来配制，也可用腐叶土与河沙混合栽培。

光：为喜光植物，最好摆放在光照充足的窗前或阳台上接受半阴或散射光照。在高温的夏季忌阳光直射。越冬期间可将其摆放于窗前或阳台前较高的部位，让其多接受光照。

温度：喜暖热环境，生长适温在 15 ~ 28℃之间，夏季温度宜控制在 30℃以下，冬季越冬温度应不低于 0℃。

繁殖：扦插繁殖。

病虫害防治：主要病害有叶斑病，可定期喷洒 50% 的多菌灵可湿性粉剂 600 倍液防治。主要害虫有介壳虫、螨虫、蚜虫等。虫害的防治应注意加强通风透光和控制环境湿度，另外可用相应的化学药剂喷杀。

栗豆树

别名：澳洲栗、绿宝石、元宝树、绿元宝

原产地：澳洲

类别：豆科栗豆树属

形态特征：属于中乔木，为奇数羽状复叶、小叶互生，叶形为披针状长椭圆形，长8～12cm，全缘、革质。荚果长达20cm，种子为椭圆形，大如鸡蛋，可供烤食。

生态习性：性喜温暖湿润的环境，忌光照过强或暴晒。

用途：绿元宝的幼株枝叶翠绿，矮小可爱，可当小盆栽作为室内观叶植物；成株高大，适合作为庭园观赏植物或行道树。

适合摆放的位置：门厅、庭院。

养护要点

水：四季需水量都较大，每周2～3次透水浇灌较为适宜。生长期需增加浇水量，空气干燥时每日喷洒叶片，保持环境湿润。

肥：对肥料的需求量不大，但适当地施肥能使茎秆粗壮，叶片繁茂。生长期每2～3个月施肥1次。

土：适合种在疏松肥沃的壤土或沙壤土，排水须良好。冬季忌盆土长期潮湿。

光：幼株耐阴，日照50%～70%即可；成株日照须充足。可放在室内散射光较强的地方。

温度：性喜高温，最适宜生长的温度为22～30℃。冬季休眠期夜间最低温度应保持在10℃以上。

繁殖：播种繁殖。

病虫害防治：主要病害有根腐病，注意控制浇水量，并用50%退菌特500倍液喷洒。有时也有白粉病和褐斑病，可喷洒50%的苯菌灵1000～2000倍液。

南天竹

别名：南天竺

原产地：中国长江流域及陕西

类别：小檗科南天竹属

形态特征：为常绿灌木。株高约 2m，直立，少分枝。老茎浅褐色，幼枝红色。叶对生，2 ~ 3 回奇数羽状复叶，小叶椭圆状披针形。圆锥花序顶生；花小，白色；花期 5—6 月，浆果球形，鲜红色，果熟期 10 月至来年 1 月。

生态习性：喜温暖多湿及通风良好的半阴环境，较耐寒，能耐微碱性土壤。适宜在湿润肥沃、排水良好的沙壤土中生长。

用途：南天竹是我国南方常见的木本花卉种类。由于其植株优美，果实鲜艳，对环境的适应性强，因此近几年常常出现在园林应用中。也可作室内盆栽，或者观果切花。

适合摆放的位置：客厅、厅堂。

养护要点

水：浇水应见干见湿。干旱季节要勤浇水，保持土壤湿润；夏季每天浇水 1 次，并向叶面喷雾 2 ~ 3 次，保持叶面湿润，防止叶尖枯焦，有损美观。开花时尤应注意浇水，不使盆土发干，并于地面洒水提高空气湿度，以利提高受粉率。冬季植株处于半休眠状态，不要使盆土过湿。

肥：对于盆栽的植株，除了在上盆时添加有机肥料外，在平时的养护过程中，还要进行适当的肥水管理。

土：适宜用微酸性土壤，可按沙质土 5 份、腐叶土 4 份、粪土 1 份的比例调制。

光：需要一定的阳光照射，但忌强光照射，室内栽培时需要定期移至户外接受光照。

温度：适宜生长温度为 20℃左右，适宜开花结果温度为 24 ~ 25℃，冬季移人温室内，一般不低于 0℃。翌年清明节后搬出户外。

繁殖：以播种、分株为主繁殖，也可扦插。

病虫害防治：室内养护要加强通风透光，防止介壳虫发生，也可用 40% 氧化乐果 1000 倍液喷洒防治。

南洋杉

别名：诺和克南洋杉、小叶南洋杉、塔形南洋杉

原产地：澳大利亚

类别：南洋杉科南洋杉属

形态特征：乔木，在原产地高达 60 ~ 70m，胸径达 1m 以上，树皮灰褐色或暗灰色，粗，横裂；大枝平展或斜伸，幼树冠尖塔形，老则呈平顶状，侧生小枝密生，下垂，近羽状排列。球果卵形或椭圆形，长 6 ~ 10cm，径 4.5 ~ 7.5cm；种子椭圆形，两侧具结合而生的膜质翅。

生态习性：喜气候温暖、空气清新湿润、光照柔和充足环境，不耐寒，忌干旱。

用途：南洋杉树形高大，姿态优美，为世界五大公园树种之一。最宜独植作为园景树或纪念树，亦可作行道树。又是珍贵的室内盆栽装饰树种，用于厅堂环境的点缀装饰，显得十分高雅。

适合摆放的位置：客厅、厅堂。

养护要点

水：平时浇水要适度，生长季节勤浇水，每周浇 2 ~ 3 次，渗深 10 ~ 15cm 为宜。随着苗木的生长，浇水次数减少，经常保持盆土及周围环境湿润，严防干旱和渍涝。高温干旱时节，应常向叶面及周围环境喷水或喷雾，增加空气湿度，保持土壤湿润。忌夏季盆土过干或冬季水量过大，过干或过湿都易引起下层叶垂软。

肥：宜用腐叶土、草炭土、纯净河沙及少量腐熟的有机肥混合配制。

土：盆栽要求疏松肥沃、腐殖质含量较高、排水透气性强的培养土，以 3 份壤土、1 份腐叶土、1 份粗沙和少量草木灰混合为好。

光：冬季需充足阳光，夏季避免强光暴晒。

温度：在气温 25 ~ 30℃、相对湿度 70% 以上的环境条件下生长最佳。

繁殖：播种、扦插繁殖。

病虫害防治：土壤水分过多，容易发生枝枯病、溃疡病和根瘤病。枝枯病用 65% 代森锌 500 倍液，溃疡病用 40% 福美砷 100 倍液涂抹消毒，根瘤病用链霉素 1000 倍液浸泡。

尖叶女贞

别名：白蜡树、冬青、蜡树、桢木

原产地：中国

类别：木犀科女贞属

形态特征：灌木或乔木，高可达25m；树皮灰褐色。叶片常绿，革质，卵形、长卵形或椭圆形至宽椭圆形，先端锐尖至渐尖或钝，基部圆形或近圆形，有时宽楔形或渐狭；叶柄长1～3cm，上面具沟，无毛。圆锥花序顶生，花序轴及分枝轴无毛，紫色或黄棕色，果实具棱。

生态习性：耐寒性好，耐水湿，喜温暖湿润气候，喜光耐阴。为深根性树种，须根发达，生长快，萌芽力强，耐修剪，但不耐瘠薄。

用途：女贞姿态优雅，朴实耐看，作为盆栽养护别具一格。对二氧化硫、氯气、氟化氢及铅蒸气均有较强抗性，也能忍受较高的粉尘、烟尘污染。常用于厂矿栽种、城市绿化等。

适合摆放的位置：阳台、庭院。

养护要点

水：宜经常保持盆土湿润，尤其夏季要早、晚浇水，并喷叶面水，才能保证叶色鲜绿，生长旺盛。冬季生长速度不断减缓，浇水不宜过多，易造成根系积水腐烂，可2～3天在根部浇1次水，每半月浇透水1次。

肥：对肥料要求不严，每年春、秋二季各施1～2次腐熟的饼肥水即可。

土：在深厚、肥沃、腐殖质含量高的土壤中生长良好。以沙壤土或黏壤土栽培为宜，在红、黄壤土中也能生长。

光：一般宜放于阳光充足、空气流通处。夏季要适当庇阴，不宜暴晒。冬季需定期让植株接受阳光的照射。

温度：较耐寒，能耐－12℃的低温。适宜生长的温度在10～28℃之间，夏季温度逐渐升高，注意适时采取降温措施，以提高叶片的观赏性。

繁殖：播种、扦插繁殖。

病虫害防治：病害有锈病、立枯病。常见的害虫有介壳虫和蚜虫等，可用80%敌敌畏1500倍液喷杀。

平安树

别名：红头屿肉桂、红头山肉桂、芳兰山肉桂

原产地：台湾兰屿岛

类别：樟科樟属

形态特征：常绿小乔木，株高可达 10 ~ 15m。叶片对生或近对生，卵形或卵状长椭圆形，先端尖，厚革质。果卵球形，长约 1.4cm，径 1cm。果期 8—9 月。

生态习性：性喜温暖湿润、阳光充足的环境，喜光又耐阴，喜暖热、无霜雪、多雾高温之地，不耐干旱、积水、严寒和空气干燥。

用途：既是优美的盆栽观叶植物，又是非常漂亮的园景树。

适合摆放的位置：大门两侧或厅堂内。

养护要点

水：应经常保持盆土湿润，但又不得有积水，环境相对湿度以保持 80% 以上为好。冬季则应多喷水，少浇水。

肥：可每月追施 1 次稀薄的饼肥水或肥矾水等。入秋后，应连续追施 2 次磷、钾肥，种类如 0.3% 的磷酸二氢钾溶液，借以增加植株的抗寒性，冬季应停止一切形式的追肥，以防肥害伤根，导致叶片黄化或枯焦脱落。

土：宜采用疏松透气、排水通畅、富含有机质的肥沃酸性培养土或腐叶土。

光：夏季应适当遮阴，若光线过强，易造成叶片发黄。

温度：生长适温为 20 ~ 30℃。冬季均应维持不低于 5℃的温度。

繁殖：播种繁殖和压条繁殖。

病虫害防治：病害有炭疽病、褐斑病、褐根病。炭疽病用 25% 的炭粉灵可湿性粉剂 500 倍液喷洒，每隔 10 ~ 15 天 1 次，连续 3 ~ 4 次。褐斑病用 50% 的多菌灵可湿性粉剂 500 倍液，每隔 10 天喷洒 1 次，连续 3 ~ 4 次。褐根病喷洒 50% 的根腐灵可湿性粉剂 800 倍液进行防治。虫害有卷叶虫、蚜虫。卷叶虫可用 90% 的敌百虫晶体 800 倍液，或 40% 的乐果乳油 1000 倍液、进行喷杀。蚜虫用 10% 的吡虫啉可湿性粉剂 2000 倍液喷杀。

麒麟掌

别名：麒麟角、玉麒麟

原产地：印度东部地区

类别：大戟科大戟属

形态特征：具棱的肉质茎变态成鸡冠状或扁平扇形，茎干肉质、粗壮，具5棱，后变圆。分枝螺旋状轮生，浅绿色，后变灰，具黑刺。叶片革质，倒卵形，基部渐狭，浅绿色。茎、叶含白色乳汁，有毒。

生态习性：生长适温22～28℃，30℃对其生长不利，35℃以上即进入休眠。不宜过阴和暴晒，喜半阴。

用途：叶片锦簇，颜色鲜艳，是盆栽的优良品种。

适合摆放的位置：卧室、大厅。

养护要点

水：较耐旱，平时浇水以宁干勿湿为原则。冬季浇水要减少，在室温15～18℃的室内，每10天左右浇1次透水即可。浇水过多不但容易发生返祖现象，还会导致根系窒息而死。

肥：不太喜肥，供肥原则是宁少勿多，宁淡勿浓。生长季节每月施1次15%左右充分腐熟的矾肥水。施肥时切忌生肥、浓肥，否则易致烂根、落叶。冬季休眠时可停肥，至翌春开始生长时再逐渐恢复正常的供肥水平。

土：盆土可用腐叶土、煤球渣、园土各1/3混匀配成，上盆时可少放些粉碎的固体肥料作基肥。

光：喜光，尤其是在生长季节里更要保证充足的光照，切不可久置室内观赏。冬季虽已休眠，但植株还要进行光合作用，以维持基本的生命活动，因此亦应放置在阳光充足的场所，否则会使叶片发黄脱落。

温度：不耐寒，应注意室内通风。冬季即使天暖，也不可搬到室外晒太阳。冬季室温如能保持15℃以上可保证叶片不落；如已落叶，只要温度在7℃以上就可以安全越冬。翌春5月，还可以重新展叶。

繁殖：扦插法繁殖。

病虫害防治：病虫害较少，长期处于不通风的条件下易产生介壳虫危害。需注意的是，麒麟掌是带有毒性的花卉。

朱蕉

别名：铁树

原产地：我国与南亚热带地区

类别：龙舌兰科朱蕉属

形态特征：常绿小乔木，矮生种。茎直立，无分枝，叶片密集轮生，叶片长椭圆披针形，长10～15cm，宽2～4cm，浓绿色。

生态习性：喜光及半阴环境，适宜温暖湿润气候，不耐寒，忌盐碱土地，种植以肥沃、湿润、排水良好之沙壤土为宜。

用途：朱蕉株形紧凑小巧，叶色翠绿优良，为室内绿化装饰的珍品。在家中摆设，不仅能够带来一丝自然的气息，还能使人神清气爽，倍觉精神。

适合摆放的位置：窗台、茶几和书桌。

养护要点

水：较耐旱，平常浇水不需过多，盆土宜保持湿润。天气炎热时经常给叶面喷水，以使茎叶清新繁茂。

肥：喜肥，生长期每半月施1次肥，可用高硝酸钾肥。施肥时可遵循薄肥薄施的原则，提供植株的基本养分即可，肥料太生、太浓，易造成落叶烂根等现象，对植株伤害较大。

土：忌盐碱土地，种植以肥沃、湿润、排水良好之沙壤土为宜。可用腐叶土4份、园土4份、沙2份混合配制。

光：喜光及半阴环境，在室内摆放一段时间后，应该适时移至室外接受阳光的照射。夏季阳光充足，可使其多接受阳光的照射，增进叶片的光合作用。

温度：不耐寒，适宜生长温度为22～28℃。夏季温度较高时，应适当遮阴降温。冬季越冬温度应控制在0℃以上。

繁殖：扦插繁殖。

病虫害防治：浇水不当易造成叶片卷曲萎蔫等现象，应及时补充水分。常见的病害有炭疽病，可用75%的百菌清1000倍液与70%的甲基托布津1000倍液等量混合喷洒植株。由于通风不畅等原因易引起介壳虫危害，可用40%氧化乐果800～1000倍液防治。

清香木

别名：细叶楷木、香叶子

原产地：我国云南中部、北部及四川南部

类别：漆树科黄连木属

形态特征：常绿灌木或小乔木，叶为偶数羽状复叶，有清香，嫩叶呈红色，生长习性及栽培特点与黄连木十分相近，挂果期8—10月，果呈红色。

生态习性：为阳性树，但亦稍耐阴，喜温暖，要求土层深厚，萌芽力强，生长缓慢，寿命长，但幼苗的抗寒力不强，在华北地区需加以保护。植株能耐 -10℃低温，喜光照充足、不易积水的土壤。

用途：清香木树形美观，气味清香，具有多种食用、药用功能，开发前景广阔。全株具浓烈胡椒香味，枝叶青翠适合作整形、庭植美化、绿篱或盆栽。

适合摆放的位置：阳台。

养护要点

水：浇水不要太勤，3 ~ 5 天 1 次为宜，每次浇水一定是灌透水，要浇湿底部。浇水太多会出现烂根的现象。

肥：对肥料较敏感，幼苗尽量少施肥甚至不施肥，避免因肥力过足，导致苗木烧苗或徒长。

土：泥土一定要透水性好，土壤应尽量保持干燥、疏松。

光：喜光，可以每天接受日光照射，但不要长时间暴晒。一般放在阳台、室内有阳光的地方就好。

温度：对温度的要求不是很高，越冬时期放于室内即可。

繁殖：主要采用种子繁殖，也可采用扦插繁殖。

病虫害防治：在夏季温暖的条件下，易滋生蚜虫等病虫灾害，可以用清水将带有蚜虫的枝条冲洗几遍，蚜虫发生数量多时，需及时喷药。防治蚜虫的药剂很多，如喷 40%乐果或 80%敌敌畏乳剂 1000 ~ 1500 倍液，或喷 2.5%鱼藤精 1000 倍液，或烟草石灰水 60 倍液（另加 0.1% 洗衣粉）等。平时可以用大蒜水、烟灰水、洋葱水、辣椒水来进行预防。

人参榕

别名：榕树瓜、地瓜榕

原产地：中国

类别：桑科榕属

形态特征：灌木或小乔木，树皮呈深咖啡色。叶互生，单叶，呈椭圆形，叶端尖，茎部渐尖削，边全缘。叶质光滑，质感，厚而紧密，叶脉不显著。

生态习性：性耐阴，耐旱，易生长，生命力强，在温暖湿润、空气流通、阳光充足的环境中生长良好。

用途：人参榕叶片四季常青，如人形的根系古态盎然、悠然自得，是盆景中的精品。室内摆放，给人以古朴、高雅之感，让静态的房间顿生活力，被视为吉祥、长寿的象征。另外，作为礼品植物赠送好友，人参榕也是个不错的选择。

适合摆放的位置：阳台、庭院、厅堂。

养护要点

水：浇水要见干见湿，盆土宜经常保持湿润，炎热夏季每月浇水 3 ~ 4 次，水量要控制，预防树根腐烂。耐旱性较强，数月不浇水也可正常生长。另外，室内温度较高时，须常向叶面或周围环境喷水以降低温度。

肥：生长季节，正常每个月可以施肥 1 次，以磷、钾肥料为主，浅埋于植物的根部附近。切忌浓肥，宜施稀薄肥。

土：土壤以河沙或沙土栽培最佳。或者可将菜园土、腐叶土、泥炭土、河沙等按照适当的比例混合配制。

光：性喜温暖湿润的环境，春秋季节可以放置于有适当光照的地方，维持植株基本的光合作用，促进叶片保持新绿且有光泽。夏季应适当遮阴，放于无阳光直射的地方。

温度：不耐寒，生长温度 18 ~ 33℃，夏季生长旺盛，不需太多管理。冬季不能低于 10℃，低于 6℃极易受到冻害。

繁殖：多用扦插繁殖。

病虫害防治：容易产生各种细菌、真菌引起的根腐病或根瘤病，应该适当注意喷药进行防治。虫害较少，以介壳虫为主，可以人工用刷子去除。

榕树

别名：细叶榕、山榕、千根树

原产地：热带亚洲

类别：桑科榕属

形态特征：叶薄革质，椭圆形或倒卵状椭圆形，基部楔形，全缘，侧脉 3 ~ 10 对，树干主枝上生有气生根。隐头花序，雌雄同株，花间有少数短刚毛。瘦果卵圆形。花期 5—6 月，果期 10—11 月。

生态习性：喜光，喜温暖湿润气候，耐水湿，耐阴不耐寒。

用途：榕树叶色翠绿，树形优美，树根蜿蜒肥大，观赏效果佳，近年来已成为盆栽中较为流行的植物。根盘显露、树冠秀茂，根与枝叶的完美呈现，使榕树的观赏价值颇高，适宜在古典味较浓的房间内摆放。

适合摆放的位置：阳台、庭院。

养护要点

水：浇水要见干见湿，不要经常浇水，浇必浇透。浇水过多，会引起根系的腐烂，使其落叶。要多喷叶面水，增加其空气周围的湿度。最好在正午前向叶面或周围环境喷水。

肥：不喜肥，每月施 10 余粒复合肥即可，以氮、磷、钾肥为主，施肥时注意沿花盆边将肥埋人土中，施肥后立即浇水。

光：性喜温暖湿润的环境，平时要注意放置在通风透光的地方，在夏季时要注意适当的遮阴。

土：生性强健，可用沙壤土混合煤炭渣。

温度：适宜生长温度在 20 ~ 28℃之间，昼夜温度相差不宜过大，温差达到 10℃极易落叶死亡。如果温度高于 30℃则需要降温并增加空气湿度，否则易使叶片失去光泽，丧失活力，影响观赏价值。

繁殖：压条、扦插、播种法繁殖。

病虫害防治：虫害少见，主要有蚜虫、红蜘蛛、蚧、介壳虫等，发现即用刷子人工刷除，或用氧化乐果 500 倍液喷洒叶片，或用 50% 亚胺硫磷可湿性粉剂 1000 倍液喷杀。用洗衣粉水或喷洒 0.1% 风油精水也很有效。

石楠

别名：石楠千年红、扇骨木

原产地：长江流域及秦岭以南地区

类别：蔷薇科石楠属

形态特征：常绿灌木或小乔木。叶互生；叶柄粗壮，老时无毛；叶片革质，长椭圆形、长倒卵形或倒卵状椭圆形，先端尾尖，基部圆形或宽楔形，边缘有疏生具腺细锯齿，近基部全缘，上面光亮，幼时中脉有绒毛，成熟后两面皆无毛。

生态习性：喜温暖湿润的气候，抗寒力不强，喜光也耐阴，对土壤要求不严，以肥沃湿润的沙壤土最为适宜，萌芽力强，耐修剪。

用途：吸尘能力强、易栽培等特点让石楠常作为街道绿化树。此外，石楠叶形优美，养护方法简单，已渐渐成为家庭盆栽养护的优选植物之一。在家中放置一盆石楠亦别有一番情趣。

适合摆放的位置：庭院、阳台。

养护要点

水：生长期需水量较大，每周浇 3 ~ 4 次水以保持盆土湿润。冬季浇水量逐渐减少，一个月 2 ~ 3 次即可，平常可多给叶片喷洒水，保持叶面清新。

肥：生长季节每 1 ~ 2 周施 1 次氮肥，浓度控制在 3% 左右，促进叶片浓绿、有生气。

土：以质地疏松肥沃、排水良好、呈酸性至中性的土壤为宜。

光：喜阳光照射，稍耐阴。久置于室内后须及时移至阳光直射的地方一段时间，避免叶色暗淡。夏季炎热高温时，适当遮阴避免叶片灼伤。

温度：耐寒，能耐短期 –15℃左右的低温，冬季温度如果不低于 –10℃都可以安全越冬。

繁殖：以播种为主，亦可用扦插、压条繁殖。

病虫害防治：管理不当可能发生灰霉病、叶斑病或受介壳虫危害。灰霉病可用 50% 多菌灵 1000 倍液喷雾预防，发病期可用 50% 代森锌 800 倍液喷雾防治。叶斑病可用 50% 多菌灵 300 ~ 400 倍液或托布津 300 ~ 400 倍液防治。介壳虫可用乐果乳剂 200 倍液喷洒或 800 ~ 1000 倍液喷雾。

苏铁

别名：凤尾蕉、避火树、凤尾松、无漏子

原产地：亚洲东部地区

类别：苏铁科苏铁属

形态特征：株高可达 8m，茎粗壮，呈圆柱形，表面密被暗褐色干缩的叶基和叶痕，极罕分枝。大型羽状复叶簇生于茎干顶部，叶片的长短和多少，最长的可达 2m，小叶达 100 对以上，厚革质。花顶生，黄色，雌雄异株。花期通常 7—8 月。

生态习性：喜温暖湿润气候，喜阳光，也耐阴。生长比较缓慢。

用途：优美的观赏植物，适宜孤植在草坪中，如公园等地方，带有一些热带气息，盆栽摆放于家中作为点缀，显得豪华气派。

适合摆放的位置：大门两侧、大厅。

养护要点

水：夏季高温干燥气候要多浇水，早晚各 1 次，并喷洒叶面，保持叶片清新翠绿。入秋后可 2 ~ 5 天浇水 1 次。

肥：生长期每月可施 1 ~ 2 次复合肥或尿素。尿素最好是用 0.2% 的水溶液喷施叶片作叶面肥，施叶面肥应遵循“少吃多餐”的原则。

土：宜在肥沃、微酸性的沙壤土中生长。培养土可用粗沙 1 份与田园土 2 份，或腐叶土 3 份与细小的沙石 1 份，或沙质土 2 份，与腐叶土 1 份，另加入少量的 0.5% 硫酸亚铁（作酸碱调节剂用）配制。

光：忌强光，如果阳光强烈，炎热干燥，容易造成苏铁焦叶、叶黄现象。不宜在居室厅堂里摆放过久，会因缺少光照而使叶片退绿。阴冷的冬天可以在厅堂里摆放时间久一点。

温度：适宜生长温度为 15 ~ 20℃之间。

繁殖：常用播种、分蘖繁殖。

病虫害防治：易受介壳虫危害，防治可用毛笔刷除或及时用 50% 氧化乐果乳剂或 50% 久效磷或 80% 敌敌畏乳油 1000 倍液喷洒。 白斑病、煤污病可用多菌灵 50% 可湿性粉剂或托布津 70% 可湿性粉剂兑水 1000 倍，在清晨给病株喷雾。

太阳神

别名：密叶朱蕉、阿波罗千年木

原产地：我国和南亚热带地区

类别：龙舌兰科龙血树属

形态特征：常绿小乔木，矮生种。茎直立，无分枝，叶片密集轮生，叶片长椭圆披针形，长10～15cm，宽2～4cm，浓绿色。

生态习性：喜高温高湿与半阴的环境，耐旱，耐阴性强，忌阳光直射，适宜生长温度为22～28℃。生长缓慢。喜排水良好、富含腐殖质的土壤。

用途：太阳神株形紧凑小巧，枝叶繁茂，叶色翠绿油亮，是近年来较受欢迎的室内观叶植物。室内摆放不仅能起到较好的装饰作用，而且还对空气的质量有所调节，能够吸收二氧化碳，增加室内空气湿度。

适合摆放的位置：书桌、窗台。

养护要点

水：浇水要少，生长期最多每周1次。夏季高温期间，若空气过于干燥，会引起叶片焦尖，应经常向叶面喷洒水。冬季10～15天浇水1次。

肥：生长期每半月施肥1次，保持叶片鲜艳翠绿且有光泽。肥料以氮、磷、钾等化肥为主，宜遵循“薄肥薄施”的原则。

土：不耐盐碱土和酸性土，以排水良好的沙壤土为宜，也可用腐叶土和泥炭土、粗沙的混合土壤。

光：喜半阴，忌阳光直射。夏季正午高温时需采取一定的降温、避光措施，以防叶片灼伤干枯。冬季虽然需要的光照不多，但也不能完全不接受光照，可在晴好的天气适当采取补光措施。

温度：适宜性较强，生长最佳温度为13～28℃，夏季不能耐高温，多喷水来降低空气干燥度，以免叶片因缺失水分而变得卷曲，影响其观赏价值。

繁殖：扦插、播种、压条繁殖。

病虫害防治：病害常见的有叶斑病和炭疽病，可用10%抗菌剂401醋酸溶液1000倍液喷洒。介壳虫等虫害，可用40%氧化乐果乳油1000倍液喷杀。

夏威夷竹

别名：夏威夷椰子、竹茎玲珑椰子、竹榈

原产地：墨西哥、危地马拉、巴西等国

类别：棕榈科茶马椰子属

形态特征：为丛生常绿灌木观叶植物。叶多着生茎干中上部，羽状全裂，深绿，有光泽。茎干直立，株高1～3m，茎节短，中空，从地下匍匐茎发新芽而抽长新枝，呈从生状生长，不分枝。

生态习性：性喜高温高湿，耐阴，忌阳光直射。

用途：夏威夷竹叶片雅致而茂密，四季常青，富有光泽，给人以端庄、文雅、清秀之感。耐阴性强，很适合室内栽培观赏或用于绿化装饰。

适合摆放的位置：客厅、书房。

养护要点

水：生长期要求经常保持盆土湿润，空气干燥时要经常进行叶面喷水，以提高环境的空气湿度，这样有利于植株生长并保持叶面浓绿且富有光泽；秋末及冬季适当减少浇水量，保持盆土湿润不干即可，以增强植株抗寒越冬能力。

肥：在生长季节的3—10月，每1～2周施1次液肥或颗粒状复合肥，以促进叶生长及叶色浓绿。

土：宜用疏松、通气透水良好、富含腐殖质的基质，一般可用腐叶土、园土、河沙等量混合并加少量腐熟有机肥混合配制，作为培养基质。

光：要求较明亮的散射光，避免强光直射，否则叶色变淡或发黄；耐阴性强，可较长时间在室内光线较暗的环境中生长。

温度：喜高温高湿环境，生长温度为20～30℃，可耐0℃的低温。

繁殖：播种繁殖和分株繁殖。

病虫害防治：在高温高湿条件下，可能发生褐斑病和霜霉病，对此可用杀菌剂（如多菌灵或托布津1000倍液）喷杀防治。害虫主要有小灰蝶，可用20%菊杀乳油800～1000倍液喷雾。

橡皮树

别名：印度橡皮树、印度榕

原产地：印度、马来西亚

类别：桑科榕属

形态特征：为常绿大乔木。树皮光滑，灰褐色，小枝绿色，少分枝。叶椭圆形，长 10 ~ 30cm，厚革质，先端钝尾尖，基部圆，全缘，叶面深绿色，具灰绿色或黄白色的斑纹褐斑点，背面淡绿色。

生态习性：性喜温暖湿润环境，适宜生长温度 20 ~ 25℃，安全越冬最低温度为 5℃。喜明亮的光照，忌阳光直射。耐空气干燥，忌黏性土，不耐瘠薄和干旱，喜疏松、肥沃和排水良好的微酸性土壤。

用途：橡皮树叶片宽大而有光泽，树形丰茂而端庄。摆放于大型建筑物的门厅两侧或大厅中央，显得雄伟壮观，让人们在观赏的同时也能感受到热带风光。另外，橡皮树还具有净化粉尘的功能，被喻为"绿色的吸尘器"。

适合摆放的位置：厅堂、大门两侧。

养护要点

水：经常保持土壤处于偏干或微潮状态即可。夏季是需水最多的阶段，可多浇水。冬季浇水量逐渐减少。次数不宜过勤，应在表土干燥后再浇透水，也不可长期不浇水或只浇表层土。

肥：以氮肥为主的复合肥料即可，生长旺盛季节应该施用磷酸氢二铵、磷酸二氢钾等作为追肥。

土：宜用 1 份腐叶土、1 份园土和 1 份河沙，加少量基肥配成培养土。

光：喜光，亦耐阴。每天应该使其接受不少于 4 小时的直射日光，最好保证植株能够接受全日照。

温度：性喜高温环境，在夏秋两季里生长最为迅速。适宜生长温度在 20 ~ 30℃间。当环境温度低于 10℃，处于生长停滞状态。越冬温度不宜低于 5℃。

繁殖：常用扦插繁殖。

病虫害防治：常见有炭疽病、叶斑病和灰霉病危害，可用 65% 代森锌 500 倍液喷洒。虫害有介壳虫和红蜘蛛等危害，介壳虫可用 40% 氧化乐果乳油 1000 倍液喷杀，红蜘蛛可用三氯杀螨醇等药剂防治。

幸福树

别名：辣椒树、山菜豆树、接骨凉伞

原产地：中国南部

类别：紫葳科菜豆树属

形态特征：中等落叶乔木，高达 15m。2 ~ 3 回羽状复叶，无毛。中叶对生，呈卵形或卵状披针形。花序直立，顶生，苞片线状披针形，早落。花冠钟状漏斗形，白色或淡黄色，裂片圆形，具皱纹，长约 2.5cm。蒴果革质，呈圆柱状长条形，稍弯曲、多沟纹。

生态习性：性喜高温多湿、阳光充足的环境。栽培宜用疏松肥沃、排水良好、富含有机质的壤土和沙质壤土。

用途：青翠多姿的幸福树不仅名字好听，而且是重要的家庭观叶盆栽之一。除了观赏作用，它本身还含有抗癌元素，具有一定的药用价值。

适合摆放的位置：客厅、走廊。

养护要点

水：为了使其不长得过于高大，在生长初期可适当控制浇水，保持盆土湿润即可。高温季节每天给植株喷水 2 ~ 3 次。冬季植株进入休眠状态，可每隔 2 ~ 3 天于晴好天气的中午前后，用清水喷洒植株 1 次即可。

肥：可定期埋施少量多元缓释复合肥颗粒，也可用 0.2% 的尿素加 0.1% 的磷酸二氢钾混合液浇施。北方地区盆栽，中秋后可连续追施 2 ~ 3 次 0.3% 的磷酸二氢钾液，以增加植株的抗寒性，有利于其安全过冬。夏季气温高于 32℃、秋末冬初气温低于 12℃后，均应停止追肥。

土：应选用疏松肥沃、排水透气良好、富含有机质的培养土。通常用园土 5 份、腐叶土 3 份、腐熟有机肥 1 份、河沙 1 份混合配制。

光：为喜光植物，也能耐阴，全日照，半阴环境均可。如果长时间将其搁放于光线暗淡的室内，易造成落叶。冬季应让其多接受阳光的照射。

温度：喜暖热环境，生长适温为 20 ~ 30℃。环境温度达 30℃以上时，要适当给予遮阴，移至通风凉爽处。最低温度不得低于 5℃，以免出现冷害伤叶或落叶。

繁殖：可采用播种、扦插、压条等方法进行繁殖。

病虫害防治：病害主要有叶斑病。出现的主要害虫有介壳虫、螨虫、蚜虫等。

鹅掌柴

别名：鸭脚木、手树、小叶伞树、矮伞树

原产地：中国

类别：五加科鹅掌柴属

形态特征：常绿大乔木或灌木，在原产地可达40m。分枝多，枝条紧密。掌状复叶，小叶5～9片，椭圆形，卵状椭圆形，长9～17cm，宽3～5cm，端有长尖，叶革质，浓绿，有光泽。花小，多数白色，有香气，花期冬春；浆果球形，果期12月至翌年1月。

生态习性：喜半阴，生长适温15～25℃，冬季最低温度不应低于5℃，否则会造成叶片脱落。在空气湿度高、土壤水分充足的环境下生长良好，但对北方干燥气候有较强适应力。

用途：鹅掌柴四季常春，植株丰满优美，易于管理。另外，鹅掌柴对空气也有一定的净化作用，能有效地吸收空气中的尼古丁和甲醛等有害物质。鹅掌柴的叶和树皮可入药。

适合摆放的位置：客厅、书房、卧室，春、夏、秋季也可放在庭院蔽荫处和楼房阳台上观赏。

养护要点

水：浇水量视季节而有差异，夏季需要较多的水分。每天浇水1次，使盆土保持湿润，春、秋季每隔3～4天浇水1次。如水分太多或渍水，易引起根腐。

肥：夏季生长期间每周施肥1次，松土后可将等量的氮、磷、钾颗粒肥施入。斑叶种类则氮肥少施，氮肥过多斑块会渐淡而转为绿色。

土：可用泥炭土、腐叶土加1/3左右的珍珠岩和少量基肥混合而成，也可用细沙土盆栽。

光：每天能见到4小时左右的直射阳光就能生长良好，在明亮的室内可较长时期观赏。

温度：11月初入室后应放置在冷室内，温度不宜低于5℃，否则会造成落叶。

繁殖：用播种及扦插繁殖。

病虫害防治：主要有叶斑病和炭疽病危害，可用10%抗菌剂401醋酸溶液1000倍液喷洒。虫害主要有介壳虫危害，可用40%氧化乐果乳油1000倍液喷杀。另外，红蜘蛛、蓟马和潜叶蛾等危害鹅掌柴叶片，可用10%二氯苯醚菊酯乳油3000倍液喷杀。

也门铁

别名：也门铁树

原产地：热带亚洲

类别：百合科龙血树属

形态特征：小乔木或灌木，地栽植株有明显的主干和分枝，高可达 20m。盆栽多呈单株状，较矮，高 50 ~ 100cm。叶片宽带状，深绿色，质较厚，密生。圆锥花序生于枝端，由许多白色的小花组成。

生态习性：喜温暖潮湿和半阴环境，忌严寒和干旱，栽培以沙质土壤或普通的花卉培养土最好。

用途：也门铁叶片修长，成散射状，姿态丰富优雅，是室内绿色植物中最为耐荫的一类观赏植物。还能够有效吸附室内的甲醛、苯等有害气体，对净化室内空气起到了很好的作用。

适合摆放的位置：客厅、厅堂。

养护要点

水：对水分的需求不是很大，一般浇水以见干见湿为宜，间隔时间依具体情况而定。也可适当结合一些液肥浇灌。

肥：施肥以氮、磷、钾三元复合肥料为主，不要偏施一种元素。也可根外喷施叶面肥，如喷 0.1% ~ 0.2% 的尿素和磷酸二氢钾溶液，每半月 1 次。

土：宜用排水性较好的肥沃土壤或腐质土。

光：光照以 50% ~ 60% 遮光为佳，忌强光直射。喜半阴也耐阴，但长期在阴处养护则不利于植株健康，最好放于有散射光处。光照过少时易引起叶片颜色亮度不足，影响其观赏价值。

温度：性喜高温多湿，生长适温 20 ~ 30℃，夏季超过 30℃以上应采取遮阴措施，以免叶片灼伤而卷曲。冬季 10℃下要注意做好防寒措施，以防止寒气使叶片枯干。

繁殖：以组培繁殖为主，也可以扦插繁殖。

病虫害防治：虫害较少，常见的病害为叶尖枯焦、焦边，多半是由于空气过于干燥或干旱后不规则的浇水与施肥过量或温度过低引起的生理性病害，只须加强日常管理即可克服。

榆树

别名：榆钱树、春榆、粘榔树、摇钱树

原产地：中国

类别：榆科榆属

形态特征：落叶乔木，高可达25m。叶椭圆状卵形、长卵形、椭圆状披针形或卵状披针形，长2～8cm，宽1.2～3.5cm，叶面平滑无毛，边缘具重锯齿或单锯齿。花先叶开放，在去年生枝的叶腋成簇生状。翅果近圆形，稀倒卵状圆形。花果期3—6月。

生态习性：阳性树种，具有较强的适应性。喜光，耐旱，耐寒，耐瘠薄，具抗污染性，叶面吸尘能力强。在土壤深厚、肥沃、排水良好的环境下生长旺盛。

用途：榆树姿态优美，叶片茂盛，造型多样，作为盆栽摆放于室内，显得古朴而不失风雅。另外榆树本身具有很多功能，树皮可供医药和轻、化工业用，叶可作饲料。

适合摆放的位置：客厅。

养护要点

水：夏季高温干燥时可向植株周围的地面洒水，但不宜向叶面直接喷水，以免叶片变大，失去美感。

肥：对肥料要求较高，适时适量地施肥可以促进植株的健康生长，可每20天左右施1次腐熟的稀薄液肥。

土：宜用疏松透气、排水良好、含腐殖质丰富的沙质土壤栽种。

光：性喜阳光，平时放在通风良好、光照充足处养护，室内可摆放在窗台边等散射光充足的地方，有利于叶片翠绿且有光泽。长期接触不到阳光容易造成叶片颜色暗淡无光，从而影响其观赏价值。

温度：适宜生长温度为12～25℃，不宜长期置于高温环境下，夏季应适当遮阴降温，冬季0℃以上都可安全过冬。

繁殖：主要采用播种繁殖，也可用分蘖、扦插法繁殖。

病虫害防治：害虫主要有榆天社蛾、榆毒蛾、黑绒金龟子等。可喷洒20%灭扫利乳油2500～3000倍液或20%杀灭菊酯乳油2000倍液防治。

长寿果

别名：香瓜茄，香艳梨

原产地：台湾

类别：蔷薇科苹果属

形态特征：落叶灌木或小乔木。植株矮小，株高 40 ~ 60cm，枝叶短状，枝条灰褐色，叶片椭圆形至广椭圆形，绿色，边缘有圆钝的锯齿。

生态习性：喜阳光充足和凉爽干燥的环境，耐寒冷，怕湿热，适宜在含腐殖质丰富、疏松肥沃、排水良好的沙质土壤中生长。

用途：花繁果多，叶片簇拥茂盛，适合庭园栽种或盆栽观赏、制作盆景。另外长寿果寓意吉祥如意，健康长寿，摆放于室内十分和谐融洽。

适合摆放的位置：阳台、庭院。

养护要点

水：生长期保持土壤湿润而不积水，每年的 6 月为花芽分化期，应控制浇水 2 ~ 3 周，等幼叶萎蔫时再浇水，以促进花芽的形成。

肥：植株生长前期可适当增施氮肥，6 月以后则应控制或停止施用氮肥，增加磷、钾肥以及钙、镁等微量元素的施用量，以提高果实品质和观赏效果，并使枝条发育充实，有利于花芽的形成。

土：适宜在含腐殖质丰富、疏松肥沃、排水良好的沙质土壤中生长。盆土可用腐叶土、园土各 1 份，粗沙 0.5 份，并加入少量的蹄片或腐熟的动物粪作基肥。

光：一般在每年的春季移栽或上盆，生长期要求有充足的阳光，若光照不足，会影响果实的颜色、株形以及结果情况。

温度：对温度条件较为敏感，适宜生长温度在 10 ~ 28℃之间，过高或过低都不利于其健康生长，需要采取一定的保护措施。

繁殖：可用海棠、山荆子或苹果的实生苗作砧木，以健壮的枝条或中部稍靠上的饱满芽作接穗，用劈接、切接、芽接的方法进行嫁接。

病虫害防治：以黑斑病为主的病害可以喷洒 70% 代森锰锌可湿性粉剂 500 倍液进行防治。对常见的虫害白粉虱可喷洒扑虱灵予以防治。

竹柏

别名：罗汉柴、山杉

原产地：我国的江西、福建等地

类别：罗汉松科竹柏属

形态特征：常绿乔木，高 20 ~ 30m，胸径 50 ~ 70cm。叶交互对生或近对生，排成两列，叶片为长卵形、卵状披针形或披针状椭圆形，厚革质，无中脉，但有多数并列的细脉。花期 3—4 月，种子 10—11 月成熟。

生态习性：生于阔叶林中，喜温暖湿润的半阴环境，耐阴蔽，怕烈日暴晒，有一定的耐寒性。

用途：竹柏的姿态美丽，叶色青翠而有光泽，耐阴性能好，是优良的室内观叶盆栽。

适合摆放的位置：厅堂、客厅。

养护要点

水：生长期保持盆土湿润而不积水，过于干旱和积水都不利于植株正常生长，应经常向叶面及植株周围喷水，以增加空气湿度，使叶色浓绿光亮，防止因空气干燥而导致叶缘干枯。

肥：因盆栽植株不需要生长得太快，一般不需要另外施肥，但为了使叶色浓绿，可在生长旺季施 2 ~ 3 次矾肥水。

土：盆土可用腐叶土或草炭土 3 份、园土 2 份、沙土 1 份的混合土。

光：属耐阴树种，在阳光较强的 5—9 月应注意遮光，可放在阴棚、树阴下、阳台内侧、庭院的廊下以及其他无直射阳光处养护，以免强烈的直射阳光灼伤根颈处，造成植株枯死。

温度：最适宜的年平均气温在 18 ~ 26℃；抗寒性弱，极端最低气温为 −7℃，否则易遭受低温危害。

繁殖：扦插繁殖、播种繁殖、压条繁殖。

病虫害防治：竹柏的病害主要有黑斑病、白粉病、炭疽病等。黑斑病可喷 40% 多菌灵 800 倍液。白粉病宜喷洒 50% 多菌灵可湿性粉剂 1000 ~ 1500 倍液。炭疽病用多菌灵 800 倍液防治，效果较好。虫害主要有蚜虫、蚧类和潜叶蛾等。

二、草本观叶类植物

白柄粗肋草

别名：白雪公主

原产地：非洲、菲律宾、马来西亚

类别：天南星科广东万年青属

形态特征：叶子偏狭长形，叶面常有斑纹镶嵌，叶脉呈白色，名字应该是由此而来，也有称“大白菜”。

生态习性：耐半阴，忌强烈日光，但光线过暗，也会导致叶片褪色、卷曲。喜水湿，3—8 月生长期要多浇水。夏季需常洒水，增加环境湿度。喜高温，不耐寒，生长适温 20 ~ 30℃，最低越冬温度在 12℃以上。

用途：白雪公主是颇为流行的室内观叶植物，不仅株形优美、规整，而且对环境有一定的净化作用。摆放于家中，不仅格调高雅、质朴，并带有南国情调。

适合摆放的位置：走道、客厅、书房。

养护要点

水：水分不宜过多，故宁可少浇，不可过量。一般 3 ~ 7 天浇灌 1 次，春、夏生长季节适当多浇。此外还可用喷壶或小喷雾器叶面洒水，夏季每天 2 次，冬季每天 1 次，以增加湿度，并清洗叶面灰尘，利于光合作用。

肥：可每月喷 1 次叶面肥。此外，用淘米水浇灌也可起到施肥作用。更为方便有效的方法可每周在盆表面撒几粒复合肥。

土：土壤应适当松软、透气，不要板结，也可无土栽培或者水培。

光：需要适当的光照，如果室内光线较暗，则可每周 1 次放置窗边补光。另外，用一定强度的日光灯照明也可以。

温度：喜高温，不耐寒，生长适温 20 ~ 30℃。最低越冬温度在 12℃以上。冬季低温时应做好保温措施，可将植株移入室内较温暖的地方，避免放在通风口或临窗的位置。

繁殖：扦插繁殖。

病虫害防治：病害主要有炭疽病，可及时喷洒 800 倍液的 50%多菌灵可湿性粉剂，每隔 10 天 1 次即可，一般较少发生虫害。

彩叶草

别名：五彩苏、老来少、五色草、锦紫苏

原产地：亚太热带地区，印度尼西亚爪哇

类别：唇形科鞘蕊花属

形态特征：多年生草本植物，株高50～80cm，栽培苗多控制在30cm以下。全株有毛，茎为四棱，基部木质化，单叶对生，卵圆形，先端长渐尖，缘具钝齿牙，叶可长15cm，叶面绿色，有淡黄色、桃红色、朱红色、紫色等色彩鲜艳的斑纹。顶生总状花序，花小，浅蓝色或浅紫色。小坚果平滑有光泽。

生态习性：喜温性植物，适应性强，冬季温度不低于10℃，夏季高温时稍加遮阴，喜充足阳光，光线充足能使叶色鲜艳。

用途：彩叶草颜色艳丽，植株秀美，是家庭观叶盆栽的优良品种，常用于花坛、会场、剧院布置图案，也可作为花篮、花束的配叶。

适合摆放的位置：卧室、书房。

养护要点

水：喜湿润，夏季要浇足水，否则易发生萎蔫现象。并经常向叶面喷水，保持一定空气湿度。冬季应适时控制浇水量，每周浇水1～2次即可。

肥：多施磷肥，以保持叶面鲜艳。忌施过量氮肥，否则叶面颜色暗淡。气温逐渐降低后，施肥量也应相应地减少，避免因过量施肥造成植株死亡。

土：对土壤要求不高，疏松肥沃的一般园土都能适应其正常生长。

光：喜阳光，但忌烈日暴晒。平常养护过程中多接受阳光的照射，有利于叶片颜色的鲜艳多彩，久置于室内易使叶片萎蔫甚至脱落。

温度：喜温暖，耐寒力较强，生长适温15～25℃，越冬温度10℃左右，降至5℃时易发生冻害。

繁殖：播种繁殖和扦插繁殖。

病虫害防治：生长期有叶斑病危害，用50%托布津可湿性粉剂500倍液喷洒。室内栽培时，易发生介壳虫、红蜘蛛和白粉虱危害，可用40%氧化乐果乳油1000倍液喷雾防治。

彩叶竹芋

别名：紫背竹芋、红背卧龙竹芋、红裹蕉

原产地：巴西

类别：竹芋科卧花竹芋属

形态特征：株高 30 ～ 40cm，叶片长卵形或披针形。厚革质，叶面深绿色有光泽，中脉浅色，叶背血红色，颇具特色。穗状花序，苞片及萼鲜红色，花瓣白色。

生态习性：喜温暖且潮湿、阴蔽的环境。不耐干旱，需水量较多。生长适温 20 ～ 30℃，5℃以上可安全过冬。

用途：彩叶竹芋是优良的喜阴观叶植物，近年来越来越受到欢迎，成为较为流行的盆栽品种。它叶片宽大，颜色艳丽，紫色叶片别具一格，在家中摆放显得宁静和谐。

适合摆放的位置：书房、卧室、客厅。

养护要点

水：生长季节应适量浇水，以增加空气湿度，最好用喷雾式浇灌方法，避免盆底积水；冬季应控制浇水。

肥：生长期每个月施 2 ～ 4 次液肥，冬季停止施肥。

土：喜疏松、肥沃、湿润而排水良好的酸性土壤。盆栽需用疏松而富含有机质的腐叶土或泥炭土加 1/3 左右的珍珠岩和少量基肥配成的培养土。忌用黏重的土壤。

光：喜阴，忌阳光直射，春、夏、秋三季需适当遮阴，将阳光覆盖率控制在 30% ～ 40% 之间，冬季控制在 80% 左右。

温度：紫背竹芋生长适宜温度为 20 ～ 30℃。北方地区冬季应放在晚上温度在 15℃以上、白天在 25℃以下的室内，如果温度低于 15℃则会出现停止生长的情况，时间太久还会受冻害。

繁殖：主要用分株法繁殖。

病虫害防治：常见病害主要有叶斑病和叶枯病。发病初期，可每隔半月用 200 倍波尔多液喷施 2 ～ 3 次。也可用 65% 代森锌可湿性粉剂 600 倍液喷洒防治。常见虫害主要有介壳虫，易发生在通风不良等情况下。在若虫期用 50% 杀螟松乳油 1000 倍液喷杀。

春羽

别名：春芋、羽裂喜林芋

原产地：巴西、巴拉圭等地

类别：天南星科林芋属

形态特征：多年生常绿草本植物。株高可及1m，茎粗状直立， 茎上有明显叶痕及电线状的气根。叶于茎顶向四方伸展，有长40～50cm的叶柄，叶身鲜浓有光泽，呈卵状心形，全叶羽状深裂，呈革质。

生态习性：较耐阴蔽。是同属植物中较耐寒的一种，生长适温18～25℃，冬季能耐2℃低温，但以5℃以上为好。喜沙壤土。

用途：春羽是常见的室内观叶植物，不仅叶片形状独特，而且能够有效吸收空气中的有害气体，是居家盆栽的不二选择。

适合摆放的位置：客厅、大厅。

养护要点

水：生长周期中需要保持盆土湿润，尤其在夏季高温期不能缺水，温度低于15℃时，需要减少浇水的次数，盆土以干湿交替即可。能耐受短暂的渍涝，但长期积水容易腐烂根系而导致植株死亡。

肥：施肥以薄肥勤施为原则，不可一次施足而产生肥害。如能在生长期中用稀薄的淡肥水代替清水浇灌盆土，则生长更加良好。进入秋季后，要控制氮肥的施用量，否则不利于越冬，叶柄也会变长，株形得不到有效控制。冬季温度低于20℃时，就应停止施肥。

土：以疏松肥沃且排水良好的微酸性土壤生长最佳。

光：不耐受长期的阴蔽环境，怕强烈的光照直射，最好以半阴或散射光线养护。冬季可以充足的光照来护理，以使其安全越冬。

温度：不耐严寒低温，冬季温度最好保持在10℃之上，以防冻害。最适生长温度为18～30℃之间，气温高于30℃则生长受到抑制，需要通风降温并增加喷水的次数，来增加空气的相对湿度。

繁殖：分株或扦插繁殖。

病虫害防治：常见的病害有叶斑病、炭疽病等。虫害主要有红蜘蛛、介壳虫。

滴水观音

别名：滴水莲、佛手莲

原产地：中国

类别：天南星科海芋属

形态特征：多年生草本，植株高达 2m，地下有肉质根茎，茎粗壮，叶柄长，有宽叶鞘，叶大型，盾状阔箭形，聚生茎顶，端尖，边缘微波，主脉明显。佛焰苞黄绿色，肉穗花序。

生态习性：性喜高温多湿和半阴的环境，耐寒，畏干旱，忌阳光暴晒，畏盐碱，喜偏酸，以疏松肥沃、排水良好的沙壤土栽培为宜。

用途：有清除空气灰尘的功效。是一种喜温暖、潮湿和充足的阳光的植物，良好的耐阴性是其一大特点。

适合摆放的位置：客厅、书房。

养护要点

水：特别喜湿，夏季高温时要加强喷水，为其创造一个相对凉爽湿润的环境，既要保证盆土湿润，又要不时给叶面喷水。若冬季室温不能达到 15℃时应控制浇水，否则易导致植株烂根，一般情况下每周喷 1 次温水即可保持其叶色浓绿。

肥：比较喜肥，3—10 月应每隔半月追施 1 次液体肥料，其中氮元素比例可适当增高，如能加入一点硫酸亚铁更好，这样叶片会长得大如荷叶、光洁可人。温度低于 15℃时应停止施肥。

土：可用腐叶土、泥炭土、河沙加少量沤透的饼肥混合配制的营养土栽培，也可水培，但要注意防烂根和添加营养液。

光：喜阴，忌阳光直射。夏季高温时节，应做好遮阴、降温措施，避免叶面灼伤而萎蔫干枯。

温度：生长温度为 20 ~ 30℃，最低可耐 8℃低温，冬季室温不可低于 5℃。

繁殖：分株、播种、茎干扦插繁殖。

病虫害防治：滴水观音的病害一般有两种，一种是叶斑病，一种是炭疽病。滴水观音虫害最严重的是螨，即通常所说的红蜘蛛。可用螨虫清、扫螨净、吡虫啉等药物进行治疗。

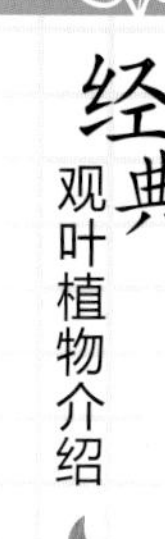

黑美人

别名：斜纹粗肋草、斜纹亮丝草花

原产地：热带亚洲

类别：天南星科广东万年青属

形态特征：株高 30 ~ 50cm。叶有长椭圆形、长卵形或披针形，叶面随品种变化，常有银色或白色斑纹镶嵌。成株能开花，佛焰苞花序，浆果橙红。

生态习性：性喜高温多湿，常在叶面喷雾，对生长有益。生性强健，耐阴性强，四季常绿。喜肥沃疏松的土壤环境，不耐寒，越冬温度保持在 0℃，否则易受冻害。

用途：黑美人不仅叶色鲜绿，富有光泽，而且叶面上有条形花纹，显得十分娇美可爱，在家中种植一盆，可起到很好的装饰作用，并且对空气的质量也有一定的提高。

适合摆放的位置：客厅墙角或走廊等处。

养护要点

水：适宜湿润的环境，故应多浇水。生长季节每周需供水 3 ~ 4 次，平常多在其周围喷水，保持低温、潮湿的环境。

肥：施肥用油粕或氮、磷、钾肥，每月施用 1 次，氮肥多些可促进叶色美观。

土：对土壤的要求不是很高，但以排水良好之腐叶土或沙壤土为佳。

光：宜阴蔽，忌烈日直射，日照 50% ~ 60% 最为适宜。夏季注意遮阴，在正午高温时应多浇水使盆土保持湿润，并且采取一些降温措施。冬季不可长久置于家中不接受光照，在晴朗的天气可将植株移出室外。

温度：适合生长温度为 22 ~ 32℃，冬天极限温度为 10℃，短暂的低温会使黑美人受到寒害，导致叶、茎腐烂。

繁殖：扦插繁殖。

病虫害防治：生长期间易受叶斑病、炭疽病、介壳虫、褐软蚧等危害。叶斑病应及时清除病叶，并喷洒波尔多液等化学药剂。炭疽病需增施磷、钾肥，并喷洒 70% 托布津 1500 倍液。虫害一旦发生，用竹片刮除并洒些药剂如 5% 亚胺硫磷乳油 1000 倍液杀除即可。

花叶万年青

别名：黛粉叶

原产地：热带美洲

类别：天南星科花叶万年青属

形态特征：茎高 1m，粗 1.5 ~ 2.5cm，节间长 2 ~ 4cm；叶片长圆形、长圆状椭圆形或长圆状披针形，基部圆形或锐尖，先端稍狭具锐尖头，叶面暗绿色，发亮，脉间有许多大小不同的长圆形或线状长圆形斑块，斑块白色或黄绿色，不整齐；花序柄短。

生态习性：喜温暖、湿润和半阴环境。不耐寒，怕干旱，忌强光暴晒。

用途：花叶万年青叶片茂盛鲜绿，有黄色斑纹作为点缀，作为盆栽欣赏别有一番情趣。同时又能吸收空气中的二氧化碳等气体。

适合摆放的位置：客厅墙角、沙发边等地。

养护要点

水：喜湿怕干，盆土要保持湿润，夏季应多浇水，冬季需控制浇水，否则盆土过湿，根部易腐烂，叶片变黄枯萎。

肥：6—9 月为生长旺盛期，10 天施 1 次饼肥水，入秋后可增施 2 次磷、钾肥。春至秋季间每 1 ~ 2 个月施用 1 次氮肥能促进叶色富光泽。室温低于 15℃以下，则停止施肥。

土：土壤用腐叶土和粗沙等的混合土壤，如可用腐叶土 2 份、锯末或泥炭 1 份、沙 1 份混合。

光：耐阴怕晒。光线过强，叶面变得粗糙，叶缘和叶尖易枯焦，甚至大面积灼伤。光线过弱，会使黄白色斑块的颜色变绿或褪色，在明亮的散射光下生长最好，叶色鲜明更美。

温度：生长适温为 25 ~ 30℃，白天温度在 30℃，晚间温度在 25℃效果好。不耐寒，冬季温度低于 10℃，叶片易受冻害。

繁殖：常用分株、扦插繁殖，以扦插为主。

病虫害防治：主要有细菌性叶斑病、褐斑病和炭疽病危害，可用 50%多菌灵可湿性粉剂 500 倍液喷洒。有时发生根腐病和茎腐病危害，除注意通风和减少湿度外，可用 75%百菌清可湿性粉剂 800 倍液喷洒防治。

吉祥草

别名：松寿兰、小叶万年青、观音草

原产地：中国长江流域以南

类别：百合科吉祥草属

形态特征：多年生常绿草本，有匍匐茎。叶披针形，先端渐尖。穗状花序。浆果红色。夏秋相交期间，花茎自叶束中抽出，短于叶丛，顶生疏散的穗状花序。瓣被六裂，花紫红色，散发芳香。花后结红紫色的浆果，成熟后可播种，要隔 2 ~ 3 年才能长大成丛。

生态习性：喜温暖、湿润、半阴的环境，较耐寒耐阴，对土壤要求不严格，以排水良好、肥沃壤土为宜。

用途：吉祥草兼具叶色青翠、姿态优美、耐阴性强等特点，使其成为家庭观叶盆栽较受欢迎的品种。放置于家中，不仅让人觉得清新自然，而且装饰性较强，其吉祥的寓意也使人联想起美好的事情。

适合摆放的位置：客厅、阳台。

养护要点

水：土壤过干或空气干燥时，叶尖容易焦枯，所以平时要注意保持土壤湿润，空气干燥时要进行喷水，夏季要防止强光直晒。

肥：施肥 1 次不要太多，要薄肥勤施，否则易造成植株的徒长，且影响开花。

土：对土壤要求不高，以排水良好、富含腐殖质的土壤为好。可用腐叶土 2 份、园土和沙各 1 份配制盆土。

光：长势强健，全日照处和浓荫处均可生长，但以半阴湿润处为佳。光照过强时，叶色水绿泛黄，太阴则生长细弱，不能开花。如环境太阴，还要每半月将其放到室外培养一段时间后，再移人室内。

温度：喜温暖湿润的环境，适宜温度为 18 ~ 30℃。春、夏、秋三季生长，冬季温度在 8℃以上能顺利越冬。

繁殖：分株繁殖。

病虫害防治：由于管理不当等原因易引起叶片变色、黄化，注意肥水的供给协调。一般较少发生病虫害。

吊兰

别名：垂盆草、桂兰、钩兰

原产地：非洲南部

类别：百合科吊兰属

形态特征：叶片呈宽线形，嫩绿色，着生于短茎上，具有肥大的圆柱状肉质根。总状花序长30 ~ 60cm，弯曲下垂，小花白色；常在花茎上生出数丛由株芽形成的带根的小植株，十分有趣。叶片边缘呈金黄色。

生态习性：喜半阴环境。春、秋季应避开强烈阳光直晒，夏季阳光特别强烈，只能早晚见些斜射光照，白天需要遮去阳光的 50% ~ 70%，否则会使叶尖干枯。

用途：吊兰叶片繁茂，在较明亮的房间内可常年栽培欣赏。还能有效地吸收窗帘甚至卫生棉纸释放出的甲醛，并充分净化空气。

适合摆放的位置：可悬吊于花架或阳台等处。

养护要点

水：喜湿润，其肉质根贮水组织发达，抗旱力较强，但 3—9 月生长旺期需水量较大，要经常浇水及向叶面喷雾，以增加空气湿度；秋后逐渐减少浇水量，以提高植株抗寒能力。

肥：生长季节每两周施一次液体肥。花叶品种应少施氮肥，否则叶片上的白色或黄色斑纹会变得不明显。环境温度低于 4℃时停止施肥。

土：对各种土壤的适应能力强，栽培容易。可用肥沃的沙壤土、腐殖土、泥炭土或细沙土加少量基肥作盆栽用土。

光：喜半阴环境，常年放置于室内也能生长良好。忌强光，应避免强烈阳光的直射，需遮去 50% ~ 70% 的阳光。

温度：喜温暖的环境，适应性强；生长适温为 20 ~ 24℃，夏季可承受 30℃以上的高温，越冬最低温度 10℃左右。

繁殖：可采用扦插、分株、播种繁殖。

病虫害防治：常易出现叶尖干枯、叶片逐渐失去光泽等现象，平常应注意管理得当。害虫一般有蚜虫和叶螨等，可用氧化乐果1000 ~ 1500倍液喷杀。

金鱼草

别名：龙头花、狮子花、龙口花、洋彩雀

原产地：地中海

类别：玄参科金鱼草属

形态特征：为多年生草本。株高 20 ~ 70cm，叶片长圆状披针形。总状花序，花冠筒状唇形，基部膨大成囊状，上唇直立，2 裂，下唇 3 裂，开展外曲，有白色、淡红色、深红色、肉色、深黄色、浅黄色、黄橙色等。

生态习性：较耐寒，不耐热，喜阳光，也耐半阴。

用途：金鱼草叶片嫩绿、繁茂，为优良的室内观叶品种，也常作为切花的背景材料。在家中摆上一盆娇小可爱的金鱼草，显得清新自然，恰如其分，能够为整个氛围增添一丝生机。

适合摆放的位置：阳台、卧室、窗台。

养护要点

水：对水分比较敏感，不能积水，否则根系易腐烂，茎叶枯黄凋萎。耐湿，怕干旱，在养护管理过程中，浇水必须掌握“见干见湿”的原则，隔 2 天左右喷 1 次水。

肥：要加强肥水管理。施肥应注意氮、磷、钾肥的配合。具有根瘤菌，本身有固氮作用，一般情况下不用施氮肥，适量增加磷、钾肥即可。

土：栽培基质应选择疏松、肥沃、排水良好的培养土或用腐叶土、泥炭、食粮草木灰均匀混和。

光：为喜光性草本，阳光充足条件下，生长良好。冬季光照较少，可适时将盆栽移至室外接受阳光的照射，促进叶片健康生长。

温度：较耐寒，能抵抗 -5℃以上的低温，-5℃以下则易发生冻害。高温对其生长发育不利，开花适温为 15 ~ 16℃，有些品种温度超过 15℃，不出现分枝，影响株态。

病虫害防治：易发生立枯病，可用 65% 代森锌可湿性粉剂 600 倍液喷洒。生长期有叶枯病和炭疽病危害，可用 50% 退菌特可湿性粉剂 800 倍液喷洒。虫害有蚜虫夜蛾危害，可用 40% 氧化乐果乳油 1000 倍液喷杀。

金钻

别名：金钻蔓绿绒、喜树蕉

原产地：美洲地区

类别：蔓绿绒属天南星科

形态特征：中型种，茎短，成株具气生根，叶长圆形，长约 30cm，有光泽。先端尖，革质，绿色。叶片宽，手掌形，肥厚，呈羽状深裂，有光泽；叶柄长而粗壮，气生根极发达粗壮，叶质厚而翠绿，叶面有刚质亮度，每片叶子的寿命长达 30 个月。

生态习性：畏严寒，忌强光，生长适温为 20 ~ 30℃，越冬温度不宜低于 5℃。夏季要避免烈日直射。

用途：株形简单大方，是家居盆栽的首选。还能吸收有毒的气体，具有净化空气的作用，将其布置室内，大方清雅，富热带雨林气氛。

适合摆放的位置：卧室、餐桌。

养护要点

水：浇水最好以盆土表面见干时进行，夏季高温期可保持湿润，若环境温度低于 15℃，应干湿交替浇水。

肥：喜肥，在 5—9 月的生长旺季里，每月施肥水 1 ~ 2 次，忌偏施氮肥，否则会造成叶柄细长软弱，不易挺立，影响观赏效果。其他季节里也要尽量少施肥。施肥以薄肥勤施为原则，并以氮肥为主。

土：对土壤要求不严，以富含腐殖质、排水良好的沙壤土中生长为佳，盆栽多用泥炭、珍珠岩混合配制营养土。

光：喜光照又忌强烈的光照直射，生长环境最好以半阴或散射光条件养护，不可长期摆放于阴蔽的环境下，否则叶片极易发黄。

温度：温度需要保持在 20℃左右，不能低于 10℃，还要避开暖气、空调及冷风的吹袭。

繁殖：多采用扦插、播种、分株繁殖。

病虫害防治：病害主要是由于养护或环境不适而引起的生理性病害，一般通过良好的养护管理即可预防，发病时喷施多菌灵、百菌清等进行防治即可。害虫主要有红蜘蛛，可用三氯杀螨醇等药剂喷杀。

兰花

别名：兰草

原产地：中国

类别：兰科兰属

形态特征：多年生草本植物。根肉质肥大，具有假鳞茎。叶线形或剑形，革质，直立或下垂，花单生或呈总状花序，花梗上着生多数苞片。花两性，具芳香。花冠由3枚萼片与3枚花瓣及蕊柱组成。

生态习性：喜阴，忌阳光直射，喜湿润，忌干燥，喜肥沃、富含大量腐殖质、排水良好、微酸性的沙质壤土，宜空气流通的环境。

用途：兰花自古深受人们的喜爱，翠绿的叶片让人感觉清新。放置于室内，不仅可以陶冶情操，美化环境，而且为整个家庭氛围增添无限乐趣。

适合摆放的位置：书房、阳台。

养护要点

水：不宜用含盐碱的水，如用自来水，应将水搁置数天后使用。春季浇水量宜少，夏季宜多；梅雨季节正值兰花抽生叶芽，盆土宜稍干；秋后天气转凉，浇水量酌减，保持湿润即可。冬季在室内宜干，减少浇水次数，且宜于中午时浇。

肥：宜用饼肥，以草木灰4份、豆饼10份、骨粉10份混合拌匀。掌握“薄肥多施”的原则。施肥应在傍晚进行，第二天清晨再浇1次清水。

土：要求土层深厚、腐殖质丰富、呈黑褐色的疏松肥沃、透水保水性能良好的微酸性土壤，pH值在5～6.5之间。

光：较喜阳光，要求通风良好，在3—4月生长期时，可以多晒太阳，以后遮阴时间渐增。尤其在夏季光线较强时，需增减环境湿度以免叶片因灼伤而受损，影响观赏价值。

温度：对温度的适应性较强，冬季须搬人室内防寒，室温保持1～2℃即可。夏季高温时需采取一定的降温措施。

繁殖：分株、播种及组织培养繁殖。

病虫害防治：主要病虫害有白绢病、炭疽病和介壳虫等。

冷水花

别名：透明草、花叶荨麻、白雪草、铝叶草

原产地：越南等热带地区

类别：荨麻科冷水花属

形态特征：多年生草本。茎肉质，高 25 ～ 65cm，无毛。叶对生，叶片膜质，狭卵形或卵形，先端渐尖或长渐尖，基部圆形或宽楔形，边缘在基部之上有浅锯齿或浅牙齿，钟乳体条形，在叶两面明显而密，在脉上也有。

生态习性：较耐寒，喜温暖湿润的气候条件，怕阳光暴晒，对土壤要求不严，能耐弱碱，较耐水湿，不耐旱。

用途：冷水花叶片极具特点，株形优美，耐阴性较强，是较受欢迎的室内绿化材料。放于家中作为装饰，能给人带来清爽的感觉，让人心身愉悦。它还具有吸收有毒物质的能力，适于在新装修房间内栽培。

适合摆放的位置：客厅、卧室。

养护要点

水：夏季生长旺盛，蒸发量大，应相对多浇水。2 ～ 3 天可浇 1 次透水。冬季浇水量适时减少。

肥：对肥水要求严格，忌施浓肥，遵循淡肥勤施、量少次多的原则，生长期每个月施 1 次复合肥或稀薄饼肥水，不宜多施氮肥，以免引起茎秆徒长。冬季停止施肥。

土：喜疏松、排水良好的土壤，可用壤土、河沙、腐叶土混合配制。

光：怕强光直射，需要放在半阴处养护，或者给它遮阴 70%。需要良好的散射光照，光照过弱易使叶面失去光泽，色斑变浅，影响其观赏价值。

温度：最适生长温度为 18 ～ 30℃，忌寒冷霜冻，越冬温度需要保持在 10℃以上，在冬季气温降到 14℃以下进入休眠状态，5℃时容易受冷害，如果环境温度接近 0℃时，会因冻伤而死亡。

繁殖：多用扦插繁殖。

病虫害防治：因管理不当等原因，容易发生红蜘蛛和蚜虫的危害，可用氧化乐果溶液等防治。

绿巨人

别名：一帆风顺、巨叶大百掌、玛娜洛苞叶芋

原产地：哥伦比亚

类别：天南星科苞叶芋属

形态特征：常年生常绿阴生草本观叶植物，茎较短而粗壮，少有分蘖，株高可达 1m 以上，是鹤芋系列中的大型种。叶片宽大，呈椭圆形，叶柄粗壮，叶色浓绿，富有光泽。花苞硕大，如人掌，高出叶面，花从开到谢可持续近 1 个月；初开时花色洁白，后转绿色，由浅而深，直至凋谢；花期春末夏初。

生态习性：性喜温畏寒，喜阴怕晒，喜湿忌干。

用途：绿巨人株形挺拔俊秀、威武壮观，叶片宽大气派、绿意盎然，是近年时兴的一种绿色观叶植物。其花朵在绿叶的衬托下亭亭玉立，娇美动人。

适合摆放的位置：几桌、花架等处。

养护要点

水：对水分需求量较多，生长期间应充分浇水，但需防治积水。

肥：生长的好坏关键看基肥是否充足。此外可视生长状况，每月或不定期追施水肥或无机氮肥，以促进叶片生长，加深叶色，保持最佳观赏状态。

土：对土壤要求不高，一般肥沃疏松、排水性较好的土壤都适宜。

光：忌暴晒，只需 1 ～ 2 天的日光暴晒就会使叶片变黄，时间稍长还会引起焦叶，在 5—9 月应将盆株移人半阴处，空气干燥时应经常向叶面及周围环境喷洒水分。

温度：生长适温为 18 ～ 25℃，能够忍受 5℃左右的低温。它对温度的适应范围较广，在热带、亚热带地区均可较好生长。

繁殖：可采用分株和组培繁殖。

病虫害防治：抗病虫害能力较强。在通风不良时，偶尔可见蚜虫和绿蟾象为害心叶，加强通风可以预防。一旦发现虫情，可人工抹除或用杀虫剂杀灭。病害中茎腐病和心腐病对其危害很大，应定期使用针对性强的杀菌剂进行防治。

鸟巢蕨

别名：巢蕨、山苏花、王冠蕨

原产地：热带、亚热带地区

类别：铁角蕨科巢蕨属

形态特征：中型附生蕨，株形呈漏斗状或鸟巢状，株高 60 ~ 120cm。根状茎短而直立，柄粗壮而密生大团海绵状须根，能吸收大量水分。叶簇生，辐射状排列于根状茎顶部，中空如巢形结构，能收集落叶及鸟粪；革质叶阔披针形，两面滑润，叶脉两面稍隆起。

生态习性：喜温暖、潮湿和较强散射光的半阴条件。在高温多湿条件下终年可以生长，其生长最适温度为 20 ~ 22℃。不耐寒，冬季越冬温度为 5℃。

用途：鸟巢蕨为较大型的阴生观叶植物，它株形丰满、叶色葱绿光亮，潇洒大方，野味浓郁，深得人们的青睐。

适合摆放的位置：客厅、书房。

养护要点

水：夏季高温、多湿条件下，新叶生长旺盛需多喷水，充分喷洒叶面，保持较高的空气湿度，对孢子萌发有利。浇水务必浇透盆，才可避免植株因缺水而造成叶片干枯卷曲。

肥：生长旺期，一般每 2 ~ 3 周需施 1 次氮、钾混合的薄肥，促使新叶生长。

土：对土壤要求不高，以泥炭土或腐叶土最好。

光：生长适宜温度为 22 ~ 27℃，夏季要进行遮阴，或放在大树下疏阴处，避免强阳光直射，这样有利于生长，使叶片富有光泽。在室内则要放在光线明亮的地方，不能长期处于阴暗处。

温度：冬季要移入温室，温度保持在 16℃以上，使其继续生长，但最低温度不能低于 5℃。

繁殖：可用孢子播种和分株繁殖。

病虫害防治：常见病害有炭疽病，可用 75% 的百菌清可湿性粉剂 600 倍液喷洒。此外，还应注意防止日灼、寒害等发生。虫害主要有线虫，可用克线丹或呋喃丹颗粒撒施于盆土表面。

圆叶竹芋

别名：苹果竹芋、青苹果竹芋

原产地：巴西

类别：肖竹芋属

形态特征：株高 40 ~ 60cm，具根状茎，叶柄绿色，直接从根状茎上长出，叶片硕大，薄革质，卵圆形，新叶翠绿色，老叶青绿色，沿侧脉有排列整齐的银灰色宽条纹，叶缘有波状起伏。

生态习性：性喜高温多湿的半阴环境，畏寒冷，忌强光。

用途：圆叶竹芋叶片宽大，叶色清新宜人，适合装饰居室，给人以时尚自然的感觉，颇有特色。

适合摆放的位置：客厅、书房。

养护要点

水：生长季节，每天除浇 1 次水外，还应加强叶面和环境喷雾，使空气相对湿度保持在 85%以上。冬季应严格控制浇水，维持盆土稍干即可。

肥：生长期间，可每周浇施稀薄有机肥 1 次。平常做摆设时，可浇施或喷施 0.2%的尿素加 0.1%的磷酸二氢钾混合液。

土：宜用疏松肥沃、排水良好、富含有机质的酸性腐叶土或泥炭土。

光：喜半阴，忌强光暴晒。阳光过强，易招致叶色苍白干涩，甚至叶片出现严重的灼伤。但光线又不能过弱，否则会导致叶质变薄而暗淡无光泽，失去应有的鲜活美感。所以冬季应给予补充光照。

温度：喜温暖平和的环境，不耐酷热，畏高温，且耐寒性较差，其生长适 18 ~ 30℃。当环境温度降至 10℃之前，要及时将其移放入室内阳光充足处。

繁殖：分株繁殖。

病虫害防治：常见的病害有叶斑病和锈病，可用 0.5 ：0.5 ：100 的波尔多液或 50%的多菌灵可湿性粉剂 800 倍液喷洒，每 10 天 1 次，连续喷洒 2 ~ 3 次，可取得良好的防治效果。在高温、干燥的条件下，叶片因遭红蜘蛛的危害会出现大量小黄点，严重降低其观赏价值，可用 25%的倍乐霸可湿性粉剂 2000 倍液喷杀。有时亦会发生介壳虫危害。

豆瓣绿

别名：青叶碧玉、椒草、翡翠椒草、小家碧玉

原产地：西印度群岛、巴拿马

类别：胡椒科豆瓣绿属

形态特征：多年生常绿草本植物。株高20～25cm，茎圆，分枝，淡绿色带紫红色斑纹。叶互生，稍肉质，长椭圆形，浓绿色，有光泽，长达15cm，基部楔形，叶柄短。穗状花序，长2.5～18cm，小花绿白色，总花梗比穗状花序短，光滑无毛。果实具弯曲锐尖的喙。

生态习性：喜温暖湿润的半阴环境。生长适温25℃左右，最低不可低于10℃，不耐高温，要求较高的空气湿度，忌阳光直射；喜疏松肥沃、排水良好的湿润土壤。

用途：豆瓣绿叶片肥厚、光亮翠绿、四季常青、株形美观，给人以小巧玲珑之感，它的观赏价值高，管理简单，适应性强，有较强的耐阴能力，在较明亮的室内可连续观赏1～2个月。

适合摆放的位置：茶几、装饰柜。

养护要点

水：喜湿润，保持盆土湿润不积水，浇水宁少勿多。 5—9月生长期要多浇水，天气炎热时应对叶面喷水或淋水，以维持较大的空气湿度，保持叶片清晰的纹样和翠绿的叶色。

肥：肥水的需求量不大，每月施肥1次，直至越冬。

土：要求疏松、肥沃、排水良好的土壤，可用河沙、腐叶土混合配制。

光：忌直射阳光，宜在半阴处生长。适当的光照可让叶片充满生机，颜色更加鲜绿，故在室内摆放一段时间后还应放至阳光充足处补光。

温度：喜温暖，生长适温25℃左右，夏季高温时 宜采取降温措施，可多喷洒水来增加环境湿度。越冬温度不应低于10℃。

繁殖：分株和叶插繁殖。

病虫害防治：病虫害较少，土壤过湿常发生叶斑病和茎腐病，偶有介壳虫和蛞蝓危害，要及时防治。

肾蕨

别名：蜈蚣草、圆羊齿、篦子草、石黄皮

原产地：热带和亚热带地区

类别：肾蕨科肾蕨属

形态特征：中型地生或附生蕨，株高一般 30 ~ 60cm。叶呈簇生披针形，叶长 30 ~ 70cm、宽 3 ~ 5cm，一回羽状复叶，羽片 40 ~ 80 对。初生的小复叶呈抱拳状，具有银白色的茸毛，展开后茸毛消失，成熟的叶片革质光滑。

生态习性：适于生长在温暖潮湿、半阴的环境，较耐寒，忌阳光直射。

用途：肾蕨四季常绿，可长久地放于室内观赏。形态奇特，富丽多姿，别有一番意趣。有清热、利湿等药用功效。另外，肾蕨也是切花中常用的辅助材料。

适合摆放的位置：阳台、窗台。

养护要点

水：春、秋季须充足浇水，保持盆土不干，但浇水不宜太多，否则叶片易枯黄脱落。夏季除浇水外，每天还须喷水数次，悬挂栽培时要求空气湿度更大些，否则空气干燥，羽状小叶易发生卷边、焦枯现象。

肥：对肥水要求较高，但最怕乱施肥、施浓肥和偏施氮、磷、钾肥，要求遵循“淡肥勤施、量少次多、营养齐全”的施肥原则。

土：宜用疏松、肥沃，透气的中性或微酸性土壤。常用腐叶土或泥炭土、培养土或粗沙的混合基质。

光：喜明亮的散射光，但也能耐较弱的光照，切忌阳光直射。规模性栽培应设遮阳网，以 50% ~ 60% 的遮光率为合适。

温度：生长一般适温 3—9 月为 16 ~ 24℃，9月至翌年3月为13 ~ 16℃。冬季温度不低于8℃，但短时间能耐 0℃低温。也能忍耐 30℃以上高温。

繁殖：常用分株、孢子和组培繁殖。

病虫害防治：室内通风不好易遭受蚜虫和红蜘蛛危害，可用肥皂水或 40% 氧化乐果乳油 1000 倍液喷洒防治。病害以叶枯病为主，注意盆土不宜太湿并用 65% 代森锌可湿性粉剂 600 倍液喷洒。

铜钱草

别名：积雪草、香菇草、水金钱、金钱莲

原产地：印度

类别：伞形科天胡荽属

形态特征：株高 5 ~ 15cm。茎顶端呈褐色。沉水叶具长柄，圆盾形，直径 2 ~ 4cm，缘波状，草绿色。花两性，伞形花序，小花白粉色。分果。花期 6—8 月。

生态习性：性喜温暖潮湿，耐阴、耐湿，稍耐旱，适应性强，水陆两栖皆可。喜半日照，阳光直射也可，栽培土不拘，以松软排水良好的栽培土为佳，最适水温 22 ~ 28℃。

用途：铜钱草叶片嫩绿可爱，叶团锦簇，叶片像一枚枚小铜钱，颇具特色。寓意多财多福，是较受欢迎的一种水草。室内摆放可使环境清新，让人心情愉悦，产生美的感受。

适合摆放的位置：阳台、窗台。

养护要点

水：对水质要求不严，可在硬度较低的淡水中进行栽培，盐度不宜过高。水体的 pH 最好控制在 6.5 ~ 7.0 间，即呈微酸性至中性。

肥：对肥料的需求量较多，生长旺盛阶段每隔 2 ~ 3 周追肥 1 次即可。如种于盆或容器中，则须少量施肥，如速效肥——花宝二号，或缓效肥——魔肥。

土：以松软排水良好的栽培土为佳，可用一般的菜园土，适量掺些河沙即可。

光：喜光照充足的环境，环境阴蔽植株生长不良。其全日照生长良好，半日照时其叶柄会拉得更长，往光线方向生长。最好让它每天接受 4 ~ 6 小时的散射日光。

温度：其喜温暖，怕寒冷，在 10 ~ 25℃的温度范围内生长良好，夏季高温时最好将温度控制在 30℃以下，越冬温度不宜低于 5℃。

繁殖：以分株或扦插繁殖为主。

病虫害防治：在良好的管理条件下，铜钱草不易患病，亦较少受到有害虫类的侵袭。但如果浇水不当也易引起叶片发黄等问题。

文竹

别名：云片松、刺天冬、云竹

原产地：南非

类别：百合科天门冬属

形态特征：肉质，茎柔软丛生，伸长的茎呈攀缘状；叶状枝纤细而丛生，呈三角形水平展开羽毛状；叶状枝每片有 6 ～ 13 枚小枝，绿色。主茎上的鳞片多呈刺状。花小，两性，白绿色。花期春季。浆果球形。

生态习性：性喜温暖湿润和半阴环境，不耐严寒，不耐干旱，忌阳光直射。

用途：文竹形态优美，叶片细如云雾，作为盆栽十分美观，特别适于室内摆放，可为房间增添一份高雅的气息。易养易活的特点已让其成为家庭盆栽必选的植物种类之一，也常作为切花配叶材料。

适合摆放的位置：书房、阳台。

养护要点

水：适当掌握浇水量，做到不干不浇、浇则即透，经常保持盆土湿润。炎热天气除盆土浇水外，还须经常向叶面喷水，以提高空气湿度，人冬后可适当减少浇水量。

肥：生长期每月追施稀薄液肥 1 ～ 2 次，忌施浓肥，否则会引起枝叶发黄。

土：腐叶土 1 份、园土 2 份和河沙 1 份混合作为基质，种植时加少量腐熟畜粪作基肥。喜微酸性土，可结合施肥，适当施一些矾肥水，以改善土壤酸碱度。

光：适于在半阴、通风环境下生长，要注意适当遮阴，尤其夏秋季要避免烈日直射，以免叶片枯黄。在室内栽培置于有一定漫射光处较佳。

温度：生长适温为 15 ～ 25℃，高温超过 32℃时会停止生长，叶片发黄。若太阳直射，除造成叶片发黄外，还会出现焦灼状。

繁殖： 可用播种和分株繁殖。

病虫害防治：虫害较为严重的有红蜘蛛，表现性状为叶片枝叶被白色丝网缠绕包裹，叶片枝叶干枯发黄。红蜘蛛个体微小，繁殖快速，一旦发现，应及时人工或者化学除虫，并且修剪受害严重的枝叶。

一叶兰

别名：蜘蛛抱蛋

原产地：中国南部地区

类别：百合科蜘蛛抱蛋属

形态特征：多年生常绿草本。叶单生，彼此相距 1 ~ 3cm，矩圆状披针形、披针形至近椭圆形，先端渐尖，基部楔形，边缘微皱波状，两面绿色，有时稍具黄白色斑点或条纹；叶柄明显，粗壮。

生态习性：性喜温暖湿润、半阴环境，较耐寒，极耐阴，忌强光直射。

用途：一叶兰叶形挺拔整齐，叶色浓绿光亮，姿态优美、淡雅而有风度；同时它长势强健，适应性强，极耐阴，是室内绿化装饰的优良喜阴观叶植物，也是现代插花极佳的配叶材料。

适合摆放的位置：庭院、门厅。

养护要点

水：生长季要充分浇水，盆土经常保持湿润，并经常向叶面喷水增湿，以利萌芽抽长新叶；秋末后可适当减少浇水量。

肥：春夏季生长旺盛期每月施液肥 1 ~ 2 次，以保证叶片清秀明亮。

土：对土壤要求不严，耐瘠薄，但以疏松、肥沃的微酸性沙壤土为好。可用腐叶土、泥炭土和园土等量混合作为基质。

光：忌阳光直射，极耐阴，即使在阴暗室内也可观赏数月之久，但长期过于阴暗不利于新叶的萌发和生长，所以如摆放在阴暗室内，最好每隔一段时间，将其移到有明亮光线的地方养护一段时间，以利生长与观赏。

温度：生长适温为 10 ~ 25℃，而能够生长温度范围为 7 ~ 30℃，越冬温度为 0 ~ 3℃，夏季温度高于 30℃后，应及时采取遮阴措施，以保持叶片颜色鲜艳，具有光泽。

繁殖：分株繁殖。

病虫害防治：叶斑病会使叶面产生黄色小点，逐渐形成圆形病斑。可用 50% 多菌灵 1000 倍液，每隔 10 ~ 15 天喷洒 1 次，连续喷洒 2 ~ 3 次预防。另外通风不良易引起介壳虫危害。

丽蚌草

别名：银边草、银边铁

原产地：欧洲

类别：禾本科燕麦草属

形态特征：多年生草本。株高约20～40cm，丛生状。叶线形，叶面有白色纵纹，叶缘白色。地下茎白色念珠状；地上茎簇生、光滑。叶丛生，线状披针形，长30cm，宽约1cm，有黄白色边缘。圆锥花序具长梗，约50cm，有分枝；小穗具两花，上面花两性或雌性，下面为雄花；花期6—7月。

生态习性：喜凉爽湿润气候，喜阳也耐阴，忌酷暑，夏季处于休眠或半休眠状态，耐寒也耐旱，不择土壤，易栽培。

用途：叶色俊美茂密，淡雅而不失风度，向人们展示出大自然的勃勃生机。适宜室内摆放。银色的条纹颇具特色，使青绿色的叶片不至单调，给人带来美的享受。

适合摆放的位置：阳台、窗台。

养护要点

水：喜湿润温暖的环境，日常养护注意保持土壤湿润，夏季适当控水，并移至阴凉处，在高温的中午还应进行喷水降温。冬季生长较为缓慢，应逐渐减少浇水量。

肥：生长期内，每月施1～2次饼肥水。若施肥过多，易造成叶片徒长，从而影响观赏价值。秋凉后，应追肥1～2次。

土：栽培土质以肥沃的沙壤土或腐殖质土最佳，宜用园土与砻糠灰按2：1比例混合后使用。

光：在半阴的环境中生长良好，夏季强光照射时，要采取一定的遮阴措施，以免叶片受损导致观赏价值降低。当光照条件不足时，易引起叶片颜色变深，丧失活力。

温度：温度控制在18～30℃，太高或太低都不适宜植株的健康生长。冬季0℃以下低温时须防止冻害的发生。

繁殖：可用分株或扦插法繁殖。

病虫害防治：如发现介壳虫及其他害虫，可用氧化乐果等药剂喷治。病害有黑斑病，可用甲基托布津等杀菌剂喷杀。

银皇后

别名：银后万年青、银后粗肋草、银后亮丝草

原产地：亚洲热带地区

类别：天南星科花叶万年青属

形态特征：多年生草本植物。株高 30 ~ 40cm，茎直立不分枝，节间明显。叶互生，叶柄长，基部扩大成鞘状，叶狭长，浅绿色，叶面有灰绿条斑，面积较大。

生态习性：喜温暖湿润和半阴环境。不耐寒，怕强光暴晒。不耐干旱，浇水保持盆土湿润。

用途：叶色美丽，特别耐阴，特别适合在室内栽培。另外，银皇后还以它独特的空气净化能力著称，可以去除尼古丁、甲醛等有害气体。需要特别提醒的是，银皇后茎秆折断后分泌的透明状液体有一定的毒性，家中栽植时，谨防幼儿误食。

适合摆放的位置：客厅、楼梯间。

养护要点

水：冬春及雨季少浇水，冬春两季要盆土干透后，同时最低温度要达到 15℃以上才能浇适当的温水。夏季生长旺盛，可以大量供水。

肥：春末夏初可少施一些酸性氮肥，夏季增施氮肥，初秋、中秋可施些复合肥，秋末冬初停肥。

土：用疏松的泥炭土、草炭土最佳，亦可用腐叶土、沙壤土混合，并用少量的硫酸亚铁稀释后的酸化土壤。

光：喜散光，尤其怕夏季阳光直射。室内要存放在光强处，以使叶片色泽鲜艳。若长期放在阴暗处，会因缺少光照而影响叶面色泽，更严重者会导致叶片发软而不挺，影响观赏效果。

温度：不耐寒，温度降到 10℃就得采取保温措施，不能低于 5℃。在 20 ~ 24℃时生长最快，30℃以上停止生长，叶片易发黄干尖。

繁殖：常用分株和扦插繁殖。

病虫害防治：病害易出现叶尖枯萎、须根腐烂等现象，平常多加管理。主要害虫是介壳虫，可用 50% 马拉松乳剂 1000 ~ 1500 倍液每 7 天喷 1 次，连喷 2 ~ 3 次即可。

三、藤本观叶类植物

使君子

别名：四君子、水君子、留球子

原产地：热带和亚热带地区

类别：使君子科使君子属

形态特征：常绿灌木。叶对生，薄纸质，矩圆形、椭圆形至卵形，长 6 ~ 13cm，先端渐尖，基部浑圆，两面有黄褐色短柔毛，叶柄下部有硬刺状物。穗状花序顶生、下垂，有花 10 余朵，花两性，花瓣 5，开时由白变红。果有 5 棱，熟时黑色，种子 1 颗。

生态习性：喜阳，喜温暖湿润气候，畏风寒、霜冻，对土壤要求不严，但以肥沃的沙壤土最好，宜栽植于向阳背风的地方，直根性，不耐移植。抗性强，少有病虫害。

用途：水君子藤蔓纤细柔软，花叶优美，适于作花廊、棚架绿化等，盆栽于室内也能起到很好的装饰作用。

适合摆放的位置：阳台、庭院。

养护要点

水：忌渍水，但稍耐水湿，不耐干旱。开花时节需充足的养分，可 2 ~ 3 天浇 1 次透水，保持盆土湿润。

肥：需肥量中等，除定植时施足基肥外，每年春、夏两季，应施肥 1 ~ 2 次，促进花繁叶茂。冬季 11 月至翌年 2 月为落叶期，此时可减少浇水次数及停止施肥。

土：对土壤要求不严，但以肥沃的沙壤土最好。盆栽可用腐叶土 40%、园土 50%、河沙 10% 配合制成。

光：性喜阳光，全日照或半日照均可，室内栽培应放于散射光较强的位置。冬季光照较少，不可长久置于室内。

温度：生长适温为 20 ~ 30℃，春夏两季密切注意温度的变化，适时地采取降温措施，当夏季温度高于 30℃时，须增加浇水量来调节气温。

繁殖：播种、扦插、分株和压条繁殖。

病虫害防治：病害主要有叶枯病，引起叶片变黄、枯萎，可用 70% 代森锌 600 倍液喷洒防治。害虫以红蜘蛛较为常见，数量不多可直接人工清除。

心叶蔓绿绒

别名：绿宝石喜林芋、心叶藤

原产地：热带、亚热带地区

类别：天南星科绿绒属

形态特征：常绿攀缘亚灌木，茎稍木质。叶长 10 ~ 40cm，心状长圆形，分裂，基部裂片长达 10cm，近长圆形，光滑，绿色。茎悬垂，节间绿色，长 4 ~ 6cm，粗 1.5 ~ 2cm。

生态习性：喜半阴，喜温暖多湿气候，忌阳光暴晒。

用途：叶片酷似心形，叶大而鲜绿，常用作室内装饰植物，并能够起到净化空气的作用。

适合摆放的位置：客厅、大厅。

养护要点

水：喜高温多湿环境，须保持盆土湿润，尤其在夏季不能缺水，而且还要经常向叶面喷水；但要避免盆土积水，否则叶片容易发黄。一般春夏季每天浇水一次，秋季可 3 ~ 5 天浇 1 次；冬季则应减少浇水量，但不能使盆土完全干燥。

肥：生长季要经常注意追肥，一般每月施肥 1 ~ 2 次；秋末及冬季生长缓慢或停止生长，应停止施肥。

土：以富含腐殖质且排水良好的壤土为佳，一般可用腐叶土 1 份、园土 1 份、泥炭土 1 份和少量河沙及基肥配制而成。

光：喜明亮的光线，忌强烈日光照射，一般生长季须遮光 50% ~ 60%；但它亦可忍耐阴暗室内环境，不过长时间光线太弱易引起徒长，节间变长，生长细弱，不利于观赏。

温度：性喜温暖的环境，温度不宜过低，越冬温度低于 0℃时，注意防寒，生长期温度处于 15 ~ 25℃最为适宜。

繁殖：常用扦插、播种、分株和组培繁殖。

病虫害防治：常见病害有叶斑病。可加强通风、避免高温高湿环境或用 70% 甲基托布津可湿性粉剂 500 倍液喷雾。害虫主要有红蜘蛛、介壳虫等。红蜘蛛用 40% 三氯杀螨醇乳油 1000 倍液喷杀，介壳虫用 40% 氧化乐果 1000 倍液或 50% 杀螟松 1000 倍液喷杀。

紫藤

别名：藤萝、朱藤

原产地：中国

类别：豆科紫藤属

形态特征：一回奇数羽状复叶互生，小叶对生，有小叶 7 ~ 13 枚，卵状椭圆形，叶表无毛或稍有毛，叶背具疏毛或近无毛，小叶柄被疏毛。种子扁球形、黑色。花期 4—5 月，果熟 8—9 月。

生态习性：生长于温带，对气候和土壤的适应性强，较耐寒，能耐水湿及瘠薄土壤，喜光，较耐阴。

用途：紫藤叶色翠绿，花色鲜艳，是常见的藤本植物，一般应用于园林棚架、室内盆栽种植等。

适合摆放的位置：庭院、阳台。

养护要点

水：性喜湿润的土壤环境，但由于主根较深，耐旱能力较强，所以平常不宜多浇水，每天 1 次，保持盆土湿润即可。

肥：对肥料要求不高，一年中施 2 ~ 3 次复合肥就基本可以满足需要，生长期间宜追肥 2 ~ 3 次。

土：耐贫瘠，对土壤的酸碱度适应性也强，不择土壤，但以湿润、肥沃、排水良好的土壤为宜。

光：喜阳光，较耐阴。平常应放在室内可以接收到阳光的地方。夏季日照较强时，应适时采取遮阴措施，否则会造成叶片枯萎、脱落。

温度：适宜生长温度在 18 ~ 25℃之间，越冬温度最好控制在 0℃以上，以免发生冻害。夏季温度高于 32℃时应及时将其搬入室内阴凉处，并在周围喷洒适量水，保持空气湿润。

繁殖：以扦插、压条繁殖为主。

病虫害防治：病害主要有软腐病和叶斑病，叶斑病发生时危害紫藤的叶片，软腐病发生时会使植株整株死亡，可采用 50% 的多菌灵 1000 倍液、50% 的甲基托布津可溶性湿剂 800 倍防治。常见害虫有蜗牛、介壳虫、白粉虱等。介壳虫可用 800 ~ 1000 倍液速扑杀或速蚧灵喷杀。白粉虱可用 3000 倍液速扑风蚜或蚜虱消喷杀。